多元非理想插值的计算方法及应用

Computational Methods and Applications for Multivariate Non-ideal Interpolation

崔　凯◎著

重庆大学出版社

内容提要

本书主要总结了作者近年来在多元非理想插值方面的相关工作,主要包括以下三方面的研究成果:提出了更一般的多元插值格式,得到了插值格式几乎正则的一个必要条件和正则的一个充分条件;将单项微分插值条件的插值问题拓展到了多项式微分插值条件的情形,并将计算理想插值的 BM 算法推广到了多元非理想插值问题上;给定摄动结点集,得到了计算任意单项序下稳定单项基的算法,并将该算法应用在曲面重建中.

本书的成果进一步丰富了多元非理想插值理论,可供高等学校计算数学及应用数学等相关专业的教师和研究生使用.

图书在版编目(CIP)数据

多元非理想插值的计算方法及应用 / 崔凯著. -- 重庆 : 重庆大学出版社, 2023.5

ISBN 978-7-5689-3963-8

Ⅰ. ①多… Ⅱ. ①崔… Ⅲ. ①插值—计算方法 Ⅳ. ①O174.42

中国国家版本馆 CIP 数据核字(2023)第 104269 号

多元非理想插值的计算方法及应用

DUOYUAN FEILIXIANG CHAZHI DE JISUAN FANGFA JI YINGYONG

崔 凯 著

策划编辑:杨粮菊

责任编辑:文 鹏 版式设计:杨粮菊

责任校对:关德强 责任印制:张 策

*

重庆大学出版社出版发行

出版人:饶帮华

社址:重庆市沙坪坝区大学城西路 21 号

邮编:401331

电话:(023) 88617190 88617185(中小学)

传真:(023) 88617186 88617166

网址:http://www.cqup.com.cn

邮箱:fxk@cqup.com.cn (营销中心)

全国新华书店经销

重庆华林天美印务有限公司印刷

*

开本:720mm×1020mm 1/16 印张:5.25 字数:76 千

2023 年 5 月第 1 版 2023 年 5 月第 1 次印刷

ISBN 978-7-5689-3963-8 定价:49.00 元

前 言

多项式插值作为重要的逼近工具之一，其理论和算法一直以来受到研究者们的广泛关注。按照插值条件的不同，多项式插值又可以分为 Lagrange 插值、Hermite 插值及 Birkhoff 插值 3 种类型. 前两种插值，由于满足齐次插值条件的多项式可以构成一个理想，因此也被称为理想插值；而后一种插值，满足齐次插值条件的多项式不能构成理想，因此也被称为非理想插值. 近几十年以来，Groebner 基理论的快速发展促进了理想插值理论的进一步完善，但其理论不能直接应用到非理想插值上，加之非理想插值条件的复杂性，使得研究成果远不如理想插值那么丰富. 尤其是多元的非理想插值，虽然已有一些专著做了深入探讨，但多数是基于传统逼近论角度讨论 Birkhoff 插值求积公式、余项表示以及插值多项式的收敛性等问题，从代数几何角度出发研究插值基结构的成果较少；另一方面，所讨论的问题多限制在单项微分插值条件的情形，对于更一般的多项式微分插值条件的研究成果很少，且多数研究成果建立在精确插值结点集的基础上，未考虑结点的摄动. 基于此，笔者从代数几何的角度出发，对多项式微分插值条件及摄动结点集的非理想插值问题进行研究，得到了若干研究成果，整理出《多元非理想插值的计算方法及应用》一书，呈现给读者，可供相关领域的研究者及高校教师参考，也可作为学习数值分析的学生的参考书.

本书内容安排如下：第 1 章绪论，主要介绍了 Birkhoff 插值问题的研究历史和现状，本书的主要研究成果及相关预备知识；第 2 章提出了更一般的多元 Birkhoff 插值格式，给出了插值格式正则性及奇异性的判定方法；第 3 章提出了基于多项式微分插值条件的多元非理想插值问题，并将理想插值中计算极小单项基的经典算法推广到非理想插值情形；第 4 章主要讨论了基于摄动结点集的非理想插值问题，给出了计算稳定单项基的 BSMB 算法，辅以数值算例，并将该算法应用于曲面重建，与传统算法相比，BSMB 算法在结点摄动的情形下对曲面的逼近度更高.

在本书出版之际，衷心地感谢沈阳师范大学学术文库出版基金以及数学与系统科学学院对本书的资助；感谢数学学院的王贺元教授对系列丛书的大力支持；感谢数学学院的姜雪副教授对本书初稿所做的大量编辑与修改工作；同时，还要感谢重庆大学出版社的编辑同志和相关人员为本书的出版所付出的艰辛劳动.

崔 凯

2022 年 12 月

目　录

第1章　绪　论

1.1　多项式插值简介

在离散数据基础上补插出简单的连续函数，从而近似地替代复杂的连续函数，这种方法称为插值方法. 插值方法是计算数学中常用的手段，也是函数逼近的重要方法. 插值问题最初的提法是：假定已知区间$[a,b]$上的实值函数$f(x)$在该区间中$(n+1)$个互不相同的点$x_0,x_1,\cdots,x_n$的值是$f(x_0),f(x_1),\cdots,f(x_n)$，要求估算$f(x)$在$[a,b]$中某点$x=\tilde{x}$处的值. 插值的作法是：在事先选定的一个由简单函数所张成的线性空间P中求出满足条件

$$p(x_i)=f(x_i),i=0,1,\cdots,n \tag{1.1}$$

的函数$p(x)$，并以$p(\tilde{x})$作为$f(\tilde{x})$的估值. 此处，函数$f(x)$称为被插函数，

$$x_0,x_1,\cdots,x_n$$

称为插值结点，函数值$f(x_0),f(x_1),\cdots,f(x_n)$称为插值型值，$P$称为插值空间，式(1.1)称为插值条件，$p(x)$称为满足条件(1.1)插值函数. 误差函数

$$r(x)=f(x)-p(x)$$

称为插值余项，标志着插值函数的逼近精度.

满足插值条件的函数可以是多项式、有理函数，也可以是任意光滑函数或分段光滑函数. 若选择多项式作为插值函数，则称为多项式插值. 由于多项式是

一种特别简单的连续函数,微分运算和积分运算都易于实行,因此,作为重要的逼近工具之一,多项式插值的理论和算法一直以来受到研究者们的高度关注[1-6].

随着理论与实践的需要,插值函数所要满足的插值条件也变得越来越复杂.条件(1.1)只要求插值函数与被插函数在结点上的函数值相等,这样的插值问题被称为 Lagrange 插值.若插值条件除了要求结点上的函数值相等,还要求从 1 阶直到 i 阶的微商值也相等,这样的插值问题被称为 Hermite 插值.若结点上的微商条件是不连续的,即插值函数与被插函数在结点上的 i 阶微商值相等,0 到 $i-1$ 阶的微商值并非全部相等,则这样的插值问题被称为 Birkhoff 插值. Birkhoff 插值的一个简单例子是给定两个结点 x_1, x_2,要求插值此两点处的函数值和二阶导数值(不要求插值一阶导数值). Birkhoff 插值可以看作 Hermite 插值的延伸,因此很多学者也称之为 Hermite-Birkhoff 插值.

Birkhoff 插值有着较为广泛的应用背景,例如微分方程初边值问题的求解[7,8,9],应用密码学的分级(图像)秘密共享问题[10]以及离散数据的拟合问题[11,12]等.随着 Birkhoff 插值在相关领域应用的发展,其自身的理论研究越来越被人们所关注.本书所研究的就是多项式空间中多元 Birkhoff 插值问题的相关理论及算法,下一节将简单介绍 Birkhoff 插值问题的研究历史及现状.

1.2 Birkhoff 插值问题研究历史及现状

继 Newton, Lagrange 和 Hermite 之后, Birkhoff 于 1906 年[13]提出了微商条件不连续的插值问题,即 Birkhoff 插值.对于一元 Lagrange 插值和 Hermite 插值,给定 $(n+1)$ 个插值条件,则存在唯一的 n 次多项式满足插值条件.然而,对于 Birkhoff 插值,不连续的微商条件使得插值多项式的存在性成为一个不确定性问题.例如,给定插值空间 $P=Span_{\mathbb{R}}\{1,x,x^2\}$,不存在二次多项式 $f(x)\in P$ 满足插值条件

$$f(-1)=0,\ f(1)=0,\ f'(0)=1.$$

另一方面,对任给的型值 $c_i\in\mathbb{R}$,$i=1,2,3$,存在唯一的一个二次多项式 $p(x)\in P$ 满足插值条件

$$p'(-1)=c_1,p'(0)=c_2,p(1)=c_3.$$

因此,一元 Birkhoff 插值面临的首要问题是:什么样的插值条件使得插值多项式存在且唯一,也即插值的可解性问题. 1931 年,Pólya 给出了两点 Birkhoff 插值问题可解性的刻画,即对结点的任意选择,插值问题存在唯一解当且仅当插值条件满足 Pólya 条件. 从 1955 年起,Turan 及其学生开始系统地研究一类简单而又重要的插值问题:一元(0-2)插值(即只给结点上的函数值和二阶微商值)及其推广[14-20],得到了一系列的重要结果,包括插值多项式的存在性及显式表达式,插值多项式的收敛性结论及误差估计等.

1966 年 Schoenberg[21] 提出了一元 Birkhoff 插值格式:

(1)一组结点集 Z,$Z=\{x_i\}_{i=1}^{m}$;

(2) 插值空间 $\prod\limits_{n}^{1}=\{p\mid p(x)=\sum\limits_{i=0}^{n}a_ix^i\}$;

(3)关联矩阵 $\boldsymbol{E}_{m\times(n+1)}=\{e_{q,\alpha}\}$,$e_{q,\alpha}=0$ 或 1,$q=1,\cdots,m$,$\alpha=0,\cdots,n$. 假定 $\boldsymbol{E}$ 中 1 的个数恰好为 $n+1$.

对满足 $e_{q,\alpha}=1$ 的(q,α),一元Birkhoff插值问题是寻求多项式$p\in\prod\limits_{n}^{1}$ 满足插值条件

$$\frac{d^\alpha}{dx^\alpha}p(x_q)=c_{q,\alpha},c_{q,\alpha}\in\mathbb{R}. \tag{1.2}$$

插值条件由关联矩阵给出,因此,对于插值问题的可解性研究可以转化为对关联矩阵性质的研究. 方程(1.2)是一个以多项式 p 的系数 a_i 为未知变元的线性方程组,系数矩阵记为 $\boldsymbol{M}(\boldsymbol{E},\boldsymbol{Z})$,被称为 Vandermonde 矩阵. 对任给的型值 $c_{q,\alpha}$,方程组(1.2)有唯一解当且仅当 Vandermonde 矩阵 $\boldsymbol{M}(\boldsymbol{E},\boldsymbol{Z})$ 可逆. 一个重要问题是:什么样的插值条件会使得对任意的结点分布,插值问题都有唯一的解,也

即关联矩阵满足什么样的条件时,Vandermonde 矩阵不依赖于结点 Z 的选择,总是可逆的,此时称插值格式是正则的. 若对结点集 Z 的任意选择,插值问题都不存在唯一解,则称插值格式是奇异的. 若对结点集 Z 的几乎所有选择($\mathbb{R}^{mn}$ 中的 Lebesgue 测度下),插值问题存在唯一解,则称插值格式是几乎正则的.

事实上,自从 Schoenberg 提出了上面的插值格式并指出可由给定关联矩阵的性质直接判定插值格式正则性之后,人们便展开了对这类问题的广泛研究[22-28]. 由 Pólya 于 1931 年提出的 Pólya 条件在插值格式的正则性判断中起着重要作用. 用关联矩阵的语言描述 Pólya 条件则有如下表述:称关联矩阵 $\boldsymbol{E}_{m\times(n+1)}$ 满足 Pólya 条件,若对任意的 $0\leqslant r\leqslant n$,有

$$\sum_{\alpha=0}^{r}\sum_{q=1}^{m}e_{q,\alpha}\geqslant r+1.$$

Schoenberg 证明了对任意数目的结点,Pólya 条件是插值格式正则的必要条件. Ferguson[29] 和 Nemeth[30] 证明了 Pólya 条件是插值格式几乎正则的充分必要条件.

此外,对一元问题,由于结点具有天然的排序关系,因此所谓的按序正则经常被讨论,即插值问题满足结点组 $x_1<x_2<\cdots<x_m$ 情形下的正则性. Schoenberg 讨论了一种特殊的 Birkhoff 插值,即在中间结点 $x_2<x_3<\cdots<x_{m-1}$ 上的插值条件是 Hermite 型的(微商条件连续),只有在两端的结点 x_1,x_m 上的微商条件是不连续的,并证明了 Pólya 条件是该插值格式按序正则的充分必要条件. 对一般的一元 Birkhoff 插值,Atkinson 和 Sharma[31] 给出了插值格式按序正则的一个充分条件:关联矩阵满足 Pólya 条件且不含可支撑的奇序列. Karlin 和 Karon[32] 以及 Lorentz[33] 给出了插值格式不是按序正则的充分条件:关联矩阵满足强 Pólya 条件且 $\boldsymbol{E}$ 的某行含有一个可支撑的奇序列. Palacios 等人[34] 讨论了缺项多项式的 Birkhoff 插值问题,即插值空间是由不连续的单项序列张成的,并提出了比按序正则更弱的条件正则. 设 $K=[k_1,k_2,\cdots,k_n]$ 为插值空间中单项的次数序列, $Q(\boldsymbol{E})=[q_1,q_2,\cdots,q_n]$ 为微商条件的求导阶序列,则插值格式条件正则当且仅

当关联矩阵满足 Pólya K-条件:$q_i \leqslant k_i, i=1, \cdots, n$. 2009 年,Rubió 等人[35]研究缺项多项式插值的正则性问题,给出了一个结点的 Birkhoff 插值格式正则的充分必要条件,以及包含零结点的两点 Birkhoff 插值按序正则的充分必要条件.

一元 Birkhoff 插值的另一个研究方向是:从传统逼近论的角度探讨 Birkhoff 插值求积公式,余项表示以及插值多项式的收敛性等问题[36-40]. Turan 及其学生在这方面做了很多重要工作并于 1980 年提出了关于 Birkhoff 插值求积公式及收敛性的若干公开问题[41],Varma[42]对问题 37-39 给出了部分回答,史应光等人给出了问题 37-39 的完全解[43],以及问题 35,40,41 的否定回答[44],并提出了两个猜想. 对其他的公开问题,史应光也做了系统的研究[45-48],并将研究成果总结在专著[49]中.

虽然关于一元 Birkhoff 插值的研究还有很多,但大多是针对特定插值结点或插值条件比较特殊的插值问题[50-58]. 与发展较为成熟的一元 Lagrange 插值和 Hermite 插值相比,一元 Birkhoff 插值理论还有许多不完善之处,而已有的一元的结论并不都能很好地推广到多元 Birkhoff 插值问题上,因此多元 Birkhoff 插值理论还有很广阔的研究空间. 从 20 世纪 80 年代起,人们才开始关注多元 Birkhoff 插值问题. 1987 年,Hack[59]讨论了二元 Birkhoff 插值的唯一可解性问题. 1990 年,Gasca[60]用矩阵方法给出了二元 Birkhoff 插值问题唯一可解的必要条件. 1993 年 Lorentz 在其专著[61]中系统地介绍了多元 Birkhoff 插值问题,尤其是在插值格式几乎正则时,给出了构造适定结点组的大量例子.

从研究方向上看,多元 Birkhoff 插值面临的一个主要问题依然是解的唯一存在性,在 Lorentz 沿用 Schoenberg 关联矩阵的语言描述多元 Birkhoff 插值格式之后,解的唯一存在性的研究也就转为对插值格式正则性的讨论. 一个多元的 Birkhoff 插值格式$(Z, \boldsymbol{E}, P_S)$包含了 3 个部分:

(1)一组结点集 Z,

$$Z=\{z_i\}_{i=1}^{m}=\{(x_{i1},\cdots,x_{in})\}_{i=1}^{m}\subset\mathbb{R}^n.$$

(2)插值空间 P_S,

$$P_S = \{f \mid f(X) = f(x_1, \cdots, x_n) = \sum_{i \in S} a_i x_1^{i_1} \cdots x_n^{i_n}\},$$

其中 $S \subset \mathbb{N}^n$.

(3)关联矩阵 $\boldsymbol{E}$,

$$\boldsymbol{E} = (e_{q,\alpha}), q = 1, \cdots, m, \alpha \in S,$$

其中 $e_{q,\alpha}=0$ 或 1.

对于满足 $e_{q,\alpha}=1$ 的 (q,α),给定实数 $c_{q,\alpha}$,则与插值格式 $(Z,\boldsymbol{E},P_S)$ 对应的 Birkhoff 插值问题为求一多项式 $f \in P_S$ 满足插值条件

$$\frac{\partial^{\alpha_1+\cdots+\alpha_n}}{\partial x_1^{\alpha_1}\cdots\partial x_n^{\alpha_n}} f(z_q) = c_{q,\alpha},$$

此处 $\alpha = (\alpha_1, \alpha_2, \cdots, \alpha_n)$.

多元情形不再像一元理论中那样有那么多关于正则性的结论,多元情形下的结点并没有唯一的排序标准,因此很自然地也没有按序正则这样的讨论.

对给定的插值格式 $(Z,\boldsymbol{E},P_S)$,在 S 为 lower 集的限定下,Lorentz[62] 给出了插值格式几乎正则的一个必要条件:关联矩阵 $\boldsymbol{E}$ 满足多元 Pólya 条件,即对 S 的任意 lower 集 A, $\sum_{q=1}^{m} \sum_{\alpha \in A} e_{q,\alpha} \leqslant |A|$,其中 $|A|$ 为 A 中元素的个数. 1989 年, Lorentz[63] 证明了多元 Birkhoff 插值格式是正则的当且仅当定义插值条件的关联矩阵是阿贝尔矩阵,Jia 等人[64] 将这个结论推广到了张成插值空间的单项集不是 lower 集的情形. Crainic 定义了二元 UR Birkhoff 插值问题,即插值结点为矩形分布且各结点上的插值条件相同,并对该类问题做了大量的研究工作[65-71],得到了这种特殊插值格式几乎正则的若干个条件.

多元 Birkhoff 插值另一个主要研究方向是:对给定的插值结点和插值条件,如何构造一个合适的插值空间(插值基),使得在该空间中插值时,总是存在唯一满足插值条件的多项式. 这样的插值空间称为适定的插值空间,该空间的一组基称为适定的插值基. 关于 Lagrange 插值和 Hermite 插值的适定插值基的构造问题,已有大量的研究成果. 早在 1982 年时,Buchberger 等人提出了 BM 算

法[72],在计算多元消逝理想的 Groebner 基的同时还可以得到多元 Lagrange 插值问题的单项基和牛顿基. 事实上,由于满足齐次插值条件的多项式构成一个理想,因此 Lagrange 插值和 Hermite 插值也被统称为理想插值[73]. Marinari 等人[74]证明了使得理想插值问题适定的插值空间同构于多项式环模理想所得的商环. 因此通过计算给定单项序下的 Groebner 基,从而得到商环基,在商环基中选择合适的代表元则得到适定的插值基.

以 Lagrange 插值为例,设给定结点 $z_1,z_2,\cdots,z_s\in\mathbb{R}^n$,插值型值分别为 $b_1,b_2,\cdots,b_s\in\mathbb{R}$,插值问题为求一按序最小的多项式 p,满足

$$p(z_i)=b_i,i=1,\cdots,s.$$

若定义泛函 $L_i:\mathbb{R}[X]\to\mathbb{R}$,

$$L_i(f)=f(z_i),i=1,2,\cdots,s,$$

则满足齐次插值条件 $L_i(f)=f(z_i)=0$ 的多项式集合记为

$$I=\{f\in\mathbb{R}[X]\mid L_i(f)=0,i=1,\cdots,s\}.$$

容易证明 I 是个理想,且 $I_i=Ker(L_i)$ 为点 z_i 处的消逝理想,于是

$$I=\cap Ker(L_i)=\cap I_i,$$

从而

$$\mathbb{R}[X]/I\cong(\mathbb{R}[X]/I_1,\cdots,\mathbb{R}[X]/I_s).$$

若插值多项式满足 $p(z_i)=b_i$ 当且仅当 $p\equiv b_i \bmod I_i,i=1,\cdots,s$. 因此若计算出理想 I 在给定单项序下的 Groebner 基,从而得到商环 $\mathbb{R}[X]/I$ 的基底,按给定的单项序选择商环基的代表元 $t_1,t_2,\cdots,t_s$,则单项集 $\{t_1,t_2,\cdots,t_s\}$ 为该插值问题的适定单项基. 设插值多项式 $p=\sum_{i=1}^{s}a_it_i$,于是由 $p\equiv b_i \bmod I_i,i=1,\cdots,s$,可得线性方程组

$$\begin{pmatrix} t_1(z_1) & \cdots & t_s(z_1) \\ \vdots & & \vdots \\ t_1(z_s) & \cdots & t_s(z_s) \end{pmatrix}\begin{pmatrix} a_1 \\ \vdots \\ a_s \end{pmatrix}=\begin{pmatrix} b_1 \\ \vdots \\ b_s \end{pmatrix}.$$

系数矩阵是可逆的，因此可以解出唯一的多项式 p 满足 $p(z_i)=b_i$.

近几十年来，随着 Groebner 基理论的发展[75-78]，多元理想插值的基本理论也得到了进一步完善[79-82]. 然而对于 Birkhoff 插值，微商插值条件的不连续性使得满足齐次插值条件的多项式构不成理想. 以最简单的两个结点上的一元 Birkhoff 插值为例，设插值条件泛函为

$$L_1(f)=f'(z_1),L_2(f)=f'(z_2),z_1,z_2\in\mathbb{R},$$

则满足齐次插值条件的多项式集记为

$$Q=\{f\in\mathbb{R}[x]\mid L_i(f)=0,i=1,2\}.$$

若 $f\in Q$，对任意的多项式 $g\in\mathbb{R}[x]$，

$$L_i(fg)=f'(z_i)g(z_i)+f(z_i)g'(z_i)=f(z_i)g'(z_i),$$

由于插值条件只有一阶导数信息而没有函数值，故一定存在多项式 $g\in\mathbb{R}[x]$ 使得 $L_i(fg)\neq 0$，即 fg 不在多项式集 Q 中，Q 构不成理想. 因此 Birkhoff 插值也被称为非理想插值，适用于理想插值的 Groebner 基理论不能用来解决 Birkhoff 插值问题. 柴俊杰等[83]证明了虽然满足齐次插值条件的多项式构不成理想，但构成了多项式环的一个子空间，且当插值条件泛函线性无关时，由多项式环模子空间所得的商空间与适定的插值空间同构. 因此可以通过计算商空间的基间接地得出适定的插值基. 王筱颖等[84]针对多元 Birkhoff 插值问题提出了插值条件的连通性及连通闭包概念，并针对插值条件为连通集的情况构造了插值问题的 Newton 基. 雷娜等[85]基于 MB 算法[86]，提出了 B-MB 算法来计算 Birkhoff 插值问题在字典序下的极小单项基. 该算法由于仅包含数的比较和加法，因此计算量较低.

以上介绍的插值问题，插值条件都是由单项微分算子给定，本书研究了更一般的多元 Birkhoff 插值问题，即插值条件由多项式微分算子给定，下一节将介绍本书的主要内容及相关结果.

1.3 本书的主要内容和结果

虽然国内外的诸多学者对多元 Birkhoff 插值问题已展开了一系列的讨论，但多数研究的问题对插值条件有所限制，或插值结点组比较特殊. Lorentz 提出的多元 Birkhoff 插值格式，定义插值条件的微分算子是单项微分算子. 本书将研究的问题拓展为具有多项式微分插值条件的多元 Birkhoff 插值，并分别从 3 个方面展开了详细的讨论：

（1）给定插值空间和定义插值条件的关联矩阵，判定插值格式的正则性或奇异性；

（2）给定插值结点和定义插值条件的关联矩阵，求适定的插值基；

（3）对给定的插值结点和插值条件，考虑结点摄动的情形下，求稳定的单项基.

主要获得了以下几个结果：

（1）给出了一般性多元 Birkhoff 插值格式的数学描述，其中多项式微分插值条件算子由给定的单项序列 S 和关联矩阵唯一确定，对提出的一般性插值格式，不限定 S 为 lower 集，得到了插值格式几乎正则的一个必要条件和正则的一个充分条件.

（2）给定插值结点和插值条件，给出一般性 Birkhoff 插值问题的恰当提法，将计算理想插值的 BM 算法推广到多元 Birkhoff 插值问题上，得到了计算分次序下极小单项基的算法.

（3）对给定的一般性 Birkhoff 插值问题，定义了一个单项序列 S 的正则链，并证明了当关联矩阵具有某些好的性质时，其适定的插值基（不一定是单项的）可以由关联矩阵和单项序列 S 直接确定.

（4）结点上的插值条件相同时，给出了插值空间适定的一个充要条件.

（5）给定结点和多项式微分算子定义的插值条件，得到了计算任意单项序下稳定单项基的算法，即这组单项基满足插值结点在一定误差范围内摄动时，依然保持适定性.

1.4 预备知识与符号说明

本节我们介绍有关计算机代数的一些基本概念和理论，感兴趣的读者可以参考文献[87-90].

设 K 表示特征为零的域，包括实数域$\mathbb{R}$ 和复数域$\mathbb{C}$，$\mathbb{N}$ 表示非负整数集. K^n 表示通常的 n 维向量空间，K^n 中的元素称为向量空间中的点.

$$K[X]=K[x_1,x_2,\cdots,x_n]$$

表示所有以 $x_1,x_2,\cdots,x_n$ 为未定元的多项式构成的集合，即 K 上的 n 元多项式环.

$X^\alpha=x_1^{\alpha_1}\cdots x_n^{\alpha_n}$ 表示多项式环 $K[X]$ 中的一个单项，其中

$$\alpha=(\alpha_1,\alpha_2,\cdots,\alpha_n)\in\mathbb{N}^n,|\alpha|=\sum_{i=1}^{n}\alpha_i.$$

有限集合 $B\in\mathbb{N}^n$ 称为 lower 集. 若对任意的 $\alpha\in B$，$\alpha-\beta$ 的各个分量都为非负整数，有 $\beta\in B$. T^n表示 $K[X]$ 中所有单项式的集合.

多元情形下，单项的排列方式并不唯一，因此首先给出单项序的定义是必要的.

定义 1.4.1[87]（**单项序**） 定义在 T^n上的单项序为单项间满足下述条件的任何关系$\prec$，

(1) $\prec$为 T^n上的全序；

(2)若 $x^\alpha\prec x^\beta$，$x^\gamma\in T^n$，则 $x^\alpha x^\gamma\prec x^\beta x^\gamma$；

(3)对任意的 $x^\alpha\in T^n$，有 $1\prec x^\alpha$.

定义 1.4.2[87]（**字典序**$\prec_{\text{lex}}$） 令 $x^\alpha,x^\beta\in T^n$，若 $\alpha-\beta$ 最左端的非零元为正，则称 $x^\beta\prec_{\text{lex}}x^\alpha$.

定义 1.4.3[87]（**分次字典序** $<_{\mathrm{grlex}}$）　令 $x^{\alpha},x^{\beta}\in T^{n}$，若 $|\alpha|>|\beta|$ 或 $|\alpha|=|\beta|$ 且 $x^{\beta}<_{\mathrm{lex}}x^{\alpha}$，则称 $x^{\beta}<_{\mathrm{grlex}}x^{\alpha}$.

定义 1.4.4[87]　令单项 $X^{\alpha}\in T^{n}$，称 $\alpha=(\alpha_1,\cdots,\alpha_n)$ 为单项 X^{α} 的**多重次数**，$|\alpha|=\sum_{i=1}^{n}\alpha_i$ 为单项 X^{α} 的**全次数**，记为 $\deg(X^{\alpha})$；$K[X]$ 中的多项式记为 $f(X)=\sum_{\alpha\in\mathbb{N}^n}c_{\alpha}X^{\alpha}$，定义其**多重次数**为

$$\mathrm{multideg}(f)=\max_{>}\{\alpha\in\mathbb{N}^n,c_{\alpha}\neq 0\}.$$

定义其**全次数**为

$$\deg(f)=\max\{\deg(X^{\alpha})\mid c_{\alpha}\neq 0\}.$$

定义 1.4.5[87]　设 $K[X]$ 中的多项式 $f(X)=\sum_{\alpha\in\mathbb{N}^n}c_{\alpha}X^{\alpha}$，定义

(1)f 的领系数为 $LC(f)=c_{\mathrm{multideg}}(f)\in K$；

(2)f 的领式为 $LM(f)=X^{\mathrm{multideg}(f)}\in T^{n}$；

(3)f 的领项为 $LT(f)=LC(f)\cdot LM(f)$.

定义 1.4.6[87]　给定 T^n 中的单项 $X^{\alpha}=x_1^{\alpha_1}x_2^{\alpha_2}\cdots x_n^{\alpha_n}$，定义与其相伴的微分算子为

$$D^{\alpha}=\frac{\partial^{|\alpha|}}{\partial x_1^{\alpha_1}\cdots\partial x_n^{\alpha_n}}.$$

定义 1.4.7[89]（**序理想**）　设 T 为 T^n 中的非空子集，若对任意的 $X^{\alpha}\in T$，$X^{\beta}\mid X^{\alpha}$，有 $X^{\beta}\in T$，则称单项集 T 为序理想，即 T 是在整除意义下封闭的.

定义 1.4.8[87]（**理想**）　设 $I\subset K[X]$ 为一多项式集合，如果其满足下述性质，则称为一理想，

(1)$0\in I$；

(2)若 $f,g\in I$，则 $f+g\in I$；

(3)若 $f\in I$，则对任何 $g\in K[X]$，$fg\in I$.

定义 1.4.9[87]（**理想基**）　称 $G\subset K[X]$ 为理想 I 的一组生成元，如果 $G=$

$\{g_1,g_2,\cdots,g_m\}$,且对任意$f\in I$都可表示成$f=\sum_{i=1}^{m}h_ig_i$,其中$h_i\in K[X]$. 也称G为I的一个理想基,记作$I=\langle G\rangle$.

定义 1.4.10[87](Groebner 基) 理想I的有限子集$G=\{g_1,g_2,\cdots,g_m\}$称为理想I相对于单项序$\prec$下的 Groebner 基,如果

$$\langle LT(G)\rangle\triangleq\langle LT(g_1),LT(g_2),\cdots,LT(g_m)\rangle=\langle LT(I)\rangle.$$

最后介绍一些商环的概念.

定义 1.4.11[90] 给定多项式理想$I\subset K[X]$,定义$K[X]$上的等价关系~如下:对任何$f,g\in K[X]$,$f\sim g$当且仅当$f-g\in I$,也称f与g是模I同余的,记作

$$f\equiv g \bmod I.$$

利用模理想I的同余关系定义多项式f的**等价类**为

$$[f]=\{g:g\equiv f \bmod I\}.$$

定义 1.4.12[90](商环) 多项式环$K[X]$模理想I的商定义为

$$K[X]/I=\{[f],f\in K[X]\}.$$

对任意的$[f],[g]\in K[X]/I$,定义运算

$$[f]+[g]=[f+g],[f]\cdot[g]=[f\cdot g],$$

则$K[X]/I$是交换环,称为商环.

对于$K[X]$中的全体单项集合T^n,利用 Groebner 基可以将其分为两部分,一部分是 Groebner 基中多项式的领式的倍式全体$T=\{t\in T^n\mid\exists f\in G,s.t.\ LM(f)\mid t\}$,另一部分是它关于$T^n$的补集$T^n\backslash T$.

定理 1.4.1[90] 设$I\subset K[X]$为多项式理想,$G\subset I$为I的关于某个单项序$\prec$的 Groebner 基,定义

$$U=\{[u]\mid u\in T^n\backslash T\},$$

其中$[u]$表示u的模I同余类,则U是商环$K[X]/I$的一组向量空间基.

本书中,总是用$\prec_{\text{lex}}$表示字典序,$\prec_{\text{grlex}}$表示分次字典序;多元情形中,给定变元$x_1,x_2,\cdots,x_n$的一个排序,就对应着一个字典序,本书总是假定字典序为

$x_1 >_{\text{lex}} x_2 >_{\text{lex}} \cdots >_{\text{lex}} x_n$；对二元情形总是假定 $x >_{\text{lex}} y$.

本书研究的问题都是在实数域中进行的，即 $K=\mathbb{R}$. $\mathbb{R}[X]:=\mathbb{R}[x_1,\cdots,x_n]$ 为 $\mathbb{R}$ 上的多项式环. L 表示作用在 $\mathbb{R}[X]$ 上的线性泛函：$\mathbb{R}[X]\to\mathbb{R}$.

第2章　多元 Birkhoff 插值格式的正则性判定

本章提出了更一般的 n 元 Birkhoff 插值格式，与 Lorentz 提出的 Birkhoff 插值格式相比,插值条件由单项式微分条件推广为多项式微分条件,从而使得研究的问题更广泛. 给定插值格式，判定其正则性一直以来是研究者们关注的问题. 本章给出了如何仅从定义插值条件的关联矩阵中获取插值格式正则性信息的两个结论:插值格式几乎正则的一个必要条件和正则的一个充分条件.

2.1　插值格式介绍及正则性定义

定义 2.1.1　n 元 Birkhoff 插值格式$(Z,\boldsymbol{E},P_S)$包含 3 个部分:

(1)一组结点集

$$Z=\{z_i\}_{i=1}^{m}=\{(x_{i1},\cdots,x_{in})\}_{i=1}^{m}\subset\mathbb{R}^n;$$

(2)插值空间

$$P_S=Span_{\mathbb{R}}\{t\mid t\in S\},$$

其中 $S=[t_1,\cdots,t_l]$是一个按分次字典序排列的单项序列 $t_k=x_1^{\alpha_{k1}}x_2^{\alpha_{k2}}\cdots x_n^{\alpha_{kn}},1\leqslant k\leqslant l.$

(3)包含 m 个子矩阵的关联矩阵

$$\boldsymbol{E}=\begin{pmatrix}\boldsymbol{E}_1\\\boldsymbol{E}_2\\\vdots\\\boldsymbol{E}_m\end{pmatrix},$$

其中，$\boldsymbol{E}_i=(e_{jh}^{(i)})$，不含零行，$1\leqslant i\leqslant m, j=1,\cdots,j_i, h=1,\cdots,l, e_{jh}^{(i)}\in\mathbb{R}$.

问题 1　与插值格式$(Z,\boldsymbol{E},P_S)$对应的插值问题可以描述为：对任意给定的型值 $c_{ij}\in\mathbb{R}$，求多项式 $f\in P_S$ 满足插值条件

$$L_j^i(f)=\sum_{h=1}^{l}e_{jh}^{(i)}D_hf(z_i)=c_{ij}, 1\leqslant i\leqslant m, 1\leqslant j\leqslant j_i. \tag{2.1}$$

$D=[D_1,\cdots,D_l]$为单项序列 S 对应的微分算子序列，其中 D_k 为 S 中第 k 个单项 t_k 的相伴微分算子，即 $D_k=\dfrac{\partial^{\alpha_{k1}+\cdots+\alpha_{kn}}}{\partial x_1^{\alpha_{k1}}\cdots\partial x_n^{\alpha_{kn}}}$，$\boldsymbol{E}_i$ 中的每一行对应着结点 z_i 上的一个插值条件，L_j^i 为 $\boldsymbol{E}_i$ 中第 j 行所对应的插值条件泛函. 给定插值格式后，插值条件由关联矩阵 $\boldsymbol{E}$ 和单项序列 S 唯一确定.

注 2.1.1　上述定义中，要求关联矩阵 $\boldsymbol{E}$ 中不含有零行，因为给定插值格式后，结点 z_i 上的第 j 个插值条件可由泛函 $L_j^i(f)=\sum_{h=1}^{l}e_{jh}^{(i)}D_hf(z_i)$ 表示，若 $\boldsymbol{E}_i$ 中的第 j 行为零向量，则泛函 L_j^i 为零泛函，无法表示一个插值条件.

对给定的关联矩阵 $\boldsymbol{E}$，令 $|\boldsymbol{E}|$ 表示矩阵 $\boldsymbol{E}$ 的行数，也即插值条件个数. 令#S 表示序列 S 中单项的个数，也即插值空间的维数 $\dim P_S$.

定义 2.1.2　若 $|\boldsymbol{E}|=\dim P_S$，则称插值格式$(Z,\boldsymbol{E},P_S)$是规范的.

下面以二元问题为例，解释所提出的多元 Birkhoff 插值格式.

例 2.1.1　单项式序列 $S=[1,y,x,y^2,xy]$，插值空间 $P_S=Span_{\mathbb{R}}\{1,y,x,y^2,xy\}$，插值结点集为 $Z=\{z_1,z_2\}=\{(x_1,y_1),(x_2,y_2)\}\subset\mathbb{R}^2$. 关联矩阵 $\boldsymbol{E}=\begin{pmatrix}\boldsymbol{E}_1\\ \boldsymbol{E}_2\end{pmatrix}$，其中

$$\boldsymbol{E}_1=\begin{pmatrix}1&0&2&1&1\\0&1&0&3&0\end{pmatrix}, \boldsymbol{E}_2=\begin{pmatrix}2&0&1&3&0\\1&2&0&0&1\\0&0&0&2&5\end{pmatrix}.$$

与 S 对应的微分算子序列为 $D=[D_1,D_2,D_3,D_4,D_5]=[1,\dfrac{\partial}{\partial y},\dfrac{\partial}{\partial x},\dfrac{\partial^2}{\partial y^2},\dfrac{\partial^2}{\partial x\partial y}]$.

$[L_1^1,L_2^1,L_1^2,L_2^2,L_3^2]$是由关联矩阵和微分算子序列所确定的插值条件泛函.

关联矩阵 $\boldsymbol{E}$ 与单项序列 S 以及微分算子序列 D 的对应关系如表 2.1 所示.

对任意给定的一组型值 $\{c_{11},c_{12},c_{21},c_{22},c_{23}\}$，与插值格式 $(\boldsymbol{Z},\boldsymbol{E},P_S)$ 对应的插值问题为求一多项式 $f\in P_S$ 满足插值条件：

$$L_1^1(f)=1\cdot f(z_1)+0\cdot\frac{\partial}{\partial y}f(z_1)+2\cdot\frac{\partial}{\partial x}f(z_1)+1\cdot\frac{\partial^2}{\partial y^2}f(z_1)+1\cdot\frac{\partial^2}{\partial x\partial y}f(z_1)=c_{11},$$

$$L_2^1(f)=0\cdot f(z_1)+1\cdot\frac{\partial}{\partial y}f(z_1)+0\cdot\frac{\partial}{\partial x}f(z_1)+3\cdot\frac{\partial^2}{\partial y^2}f(z_1)+0\cdot\frac{\partial^2}{\partial x\partial y}f(z_1)=c_{12},$$

$$L_1^2(f)=2\cdot f(z_2)+0\cdot\frac{\partial}{\partial y}f(z_2)+1\cdot\frac{\partial}{\partial x}f(z_2)+3\cdot\frac{\partial^2}{\partial y^2}f(z_2)+0\cdot\frac{\partial^2}{\partial x\partial y}f(z_2)=c_{21},$$

$$L_2^2(f)=1\cdot f(z_2)+2\cdot\frac{\partial}{\partial y}f(z_2)+0\cdot\frac{\partial}{\partial x}f(z_2)+0\cdot\frac{\partial^2}{\partial y^2}f(z_2)+1\cdot\frac{\partial^2}{\partial x\partial y}f(z_2)=c_{22},$$

$$L_3^2(f)=0\cdot f(z_2)+0\cdot\frac{\partial}{\partial y}f(z_2)+0\cdot\frac{\partial}{\partial x}f(z_2)+2\cdot\frac{\partial^2}{\partial y^2}f(z_2)+5\cdot\frac{\partial^2}{\partial x\partial y}f(z_2)=c_{23}.$$

表 2.1　插值微分条件表

S	1	y	x	y^2	xy	结点
D	1	$\frac{\partial}{\partial y}$	$\frac{\partial}{\partial x}$	$\frac{\partial^2}{\partial y^2}$	$\frac{\partial^2}{\partial x\partial y}$	
$\boldsymbol{E}_1$	1	0	2	1	1	z_1
	0	1	0	3	0	
$\boldsymbol{E}_2$	2	0	1	3	0	z_2
	1	2	0	0	1	
	0	0	0	2	5	

设多项式 $f=a_1xy+a_2y^2+a_3x+a_4y+a_5$，将其代入上述插值条件可得：

$$\begin{pmatrix} x_1y_1+2y_1+1 & y_1^2+2 & x_1+2 & y_1 & 1 \\ x_1 & 2y_1+6 & 0 & 1 & 0 \\ 2x_2y_2+y_2 & 2y_2^2+6 & 2x_2+1 & 2y_2 & 2 \\ x_2y_2+2x_2+1 & y_2^2+4y_2 & x_3 & y_2+2 & 1 \\ 5 & 4 & 0 & 0 & 0 \end{pmatrix}\begin{pmatrix} a_1 \\ a_2 \\ a_3 \\ a_4 \\ a_5 \end{pmatrix}=\begin{pmatrix} c_1 \\ c_2 \\ c_3 \\ c_4 \\ c_5 \end{pmatrix}.$$

可见，对任意给定的型值，插值问题 1 是否存在唯一的解与结点集的分布有关. 具体地，若结点集使得插值条件方程组的系数矩阵可逆，则对任意给定的型值，都存在唯一满足插值条件的多项式 $f \in Span_{\mathbb{R}}\{1, y, x, y^2, xy\}$.

在上例中，插值格式是规范的，因为插值条件的个数等于插值空间的维数，即 $|\boldsymbol{E}| = \dim P_S = 5$. 我们约定本章中考虑的插值格式都是规范的.

定义 2.1.3　若结点组 Z_0 使得插值格式 $(Z, \boldsymbol{E}, P_S)$ 对应的插值问题 1 对任意给定的型值都存在唯一的解，则称结点组 Z_0 为适定的结点组.

给定插值格式 $(Z, \boldsymbol{E}, P_S)$，设插值多项式为 $f = \sum_{i=1}^{l} a_i t_i$，则由例 2.1.1 可知插值条件可以表示为一组以多项式 f 的系数 a_i 为未知变量的线性方程，系数矩阵中的元素是以结点的坐标为变元的多项式，故令 $\boldsymbol{M}(\boldsymbol{E}, Z)$ 表示方程组 (2.1) 的系数矩阵. 因为所考虑的问题都是规范的，故 $\boldsymbol{M}(\boldsymbol{E}, Z)$ 是个方阵，令 $D(\boldsymbol{E}, Z)$ 表示 $\boldsymbol{M}(\boldsymbol{E}, Z)$ 的行列式，给定结点集 Z_0，则 Z_0 是适定的结点组当且仅当方程组 (2.1) 对任意的右端项都存在唯一的解，当且仅当系数矩阵的行列式 $D(\boldsymbol{E}, Z_0) \neq 0$，当结点集的分布未知时，行列式 $D(\boldsymbol{E}, Z)$ 为一个含有 mn 个坐标变量的多项式，使 $D(\boldsymbol{E}, Z_0) \neq 0$ 的所有结点集 Z 恰为插值问题的全部适定结点组. 有如下定义：

定义 2.1.4[61]　给定插值格式 $(Z, \boldsymbol{E}, P_S)$，

1) 若对结点集 Z 的所有选择，$D(\boldsymbol{E}, Z) \equiv 0$，则称插值格式是奇异的；

2) 若对结点集 Z 的所有选择，$D(\boldsymbol{E}, Z) \neq 0$，则称插值格式是正则的；

3) 若对结点集 Z 的几乎所有选择（R^{mn} 中的 Lebesyue 测度下），$D(\boldsymbol{E}, Z) \neq 0$，则称插值格式是几乎正则的.

插值格式 $(Z, \boldsymbol{E}, P_S)$ 是奇异的意味着与之对应的插值问题不存在适定的结点组，而正则的插值格式意味着任意分布的结点都是适定的，几乎正则意味着不适定的结点组是零测度的. 事实上，若存在一组结点 Z_0 使得 $D(\boldsymbol{E}, Z_0) \neq 0$，则对于几乎所有的结点 Z，$D(\boldsymbol{E}, Z) \neq 0$. 本章后面的两节分别对插值格式的正则和几乎正则给予了理论上的刻画.

2.2 几乎正则性的一个必要条件

定义 2.2.1　令 $S=[t_1,\cdots,t_l]$ 为按分次字典序排列的单项序列,称单项序列 $B\subset S$ 为 S 的闭子序列,若 B 满足 $t_i\in B, t_j|t_i$,则有 $t_j\in B$.

令 S 是按分次字典序排列的单项序列,$\boldsymbol{E}$ 是与 S 对应的关联矩阵. $A\subseteq S$ 为一子序列. 定义 $\boldsymbol{E}_A$ 为 $\boldsymbol{E}$ 的一个子矩阵,其构成原则为:若 A 的第 i 个单项对应着序列 S 中的第 j 个单项,则 $\boldsymbol{E}_A$ 中的第 i 列恰为矩阵 $\boldsymbol{E}$ 的第 j 列.

例 2.2.1　设 $S=[1,y,x,y^2]$,矩阵 $\boldsymbol{E}=\begin{pmatrix}1&0&2&1\\0&1&0&2\\1&0&3&0\end{pmatrix}$,$A=[1,x]\subset S$,由序列 S 中的第一个单项和第三个单项构成,则 $\boldsymbol{E}_A=\begin{pmatrix}1&2\\0&0\\1&3\end{pmatrix}$恰为 $\boldsymbol{E}$ 的第一列和第三列.

令 $|\boldsymbol{E}_A|$ 为矩阵 $\boldsymbol{E}_A$ 中非零行的个数,$\#A$ 为序列 A 中单项的个数. 在上例中有 $|\boldsymbol{E}_A|=2$. 有了上述准备,现在可以给出满足广义的 Pólya 条件的关联矩阵的定义.

定义 2.2.2　如果对任意序列 S 的任意闭子序列 A,有 $|\boldsymbol{E}_A|\geqslant\#A$ 成立,则称关联矩阵 $\boldsymbol{E}$ 满足广义的 Pólya 条件.

定理 2.2.1　令 $S=[t_1,\cdots,t_l]$ 为按分次字典序排列的单项序列,$\boldsymbol{E}$ 为定义插值条件的关联矩阵. 若插值格式 $(Z,\boldsymbol{E},P_S)$ 是几乎正则的,则 $\boldsymbol{E}$ 满足广义的 Pólya 条件.

证明　采用反证法,假设关联矩阵 $\boldsymbol{E}$ 不满足广义的 Pólya 条件,即存在 S 的某个闭子序列 $A\subseteq S$ 使得 $|\boldsymbol{E}_A|<\#A$. 我们先考虑插值格式 $(Z,\boldsymbol{E}_A,P_A)$,其中 $P_A=Span_{\mathbb{R}}\{t|\ t\in A\}$. 对任意给定的结点集 Z,由于插值格式 $(Z,\boldsymbol{E}_A,P_A)$ 中插值条

件个数小于插值空间的维数，系数矩阵 $\boldsymbol{M}(\boldsymbol{E}_A, Z)$ 行少列多，则与插值格式$(Z, \boldsymbol{E}_A, P_A)$对应的齐次插值问题存在非平凡解 $g = \sum_{t_i \in A} a_i t_i, t_i = x_1^{\alpha_{i1}} x_2^{\alpha_{i2}} \cdots x_n^{\alpha_{in}}$. 对任意单项 $t_j = x_1^{\alpha_{j1}} x_2^{\alpha_{j2}} \cdots x_n^{\alpha_{jn}} \in S \backslash A$，由 A 为闭子序列可知，对任意的 i，至少存在一个指标 k，使得条件 $j_k > i_k$ 成立. 因此可以得到

$$\frac{\partial^{\alpha_{j1}+\cdots+\alpha_{jn}}}{\partial x_1^{\alpha_{j1}} \cdots \partial x_n^{\alpha_{jn}}} g \equiv 0.$$

显然可以推出

$$\sum_{h=1}^{l} e_{j,h}^{(i)} \frac{\partial^{\alpha_{h1}+\cdots+\alpha_{hn}}}{\partial x_1^{\alpha_{h1}} \cdots \partial x_n^{\alpha_{hn}}} g \equiv 0, j = 1, \cdots, j_i, i = 1, \cdots, m. \tag{2.2}$$

这意味着多项式 g 也是与原始插值格式$(Z, \boldsymbol{E}, P_S)$对应的齐次插值问题的一个非平凡解，且对任意的结点集 Z，线性方程组(2.2)的系数矩阵 $M(\boldsymbol{E}, Z)$ 是不可逆的. 故行列式 $D(\boldsymbol{E}, Z) \equiv 0$，从而插值格式$(Z, \boldsymbol{E}, P_S)$是奇异的. 这与条件中插值格式是几乎正则的矛盾. 证毕.

推论 2.2.1　给定插值格式$(Z, \boldsymbol{E}, P_S)$，若定义插值条件的关联矩阵 $\boldsymbol{E}$ 不满足推广的 Pólya 条件，则插值格式$(Z, \boldsymbol{E}, P_S)$是奇异的.

下面依然以二元问题为例，说明如何仅从关联矩阵的性质来判断插值格式的奇异性.

例 2.2.2　给定按分次序排列的单项序列 $S = [1, y, x, y^2]$，相应的插值空间 $P_S = Span_{\mathbb{R}} \{1, y, x, y^2\}$. 结点集 $Z = \{z_1, z_2\} = \{(x_1, y_1), (x_2, y_2)\} \subset \mathbb{R}^2$. 关联矩阵

$$\boldsymbol{E} = \begin{pmatrix} \boldsymbol{E}_1 \\ \boldsymbol{E}_2 \end{pmatrix} = \begin{pmatrix} 1 & 0 & 1 & 0 \\ 0 & 0 & 1 & 1 \\ 0 & 0 & 1 & 0 \\ 0 & 0 & 0 & 1 \end{pmatrix}$$

其中 $\boldsymbol{E}_1 = \begin{pmatrix} 1 & 0 & 1 & 0 \\ 0 & 0 & 1 & 1 \end{pmatrix}, \boldsymbol{E}_2 = \begin{pmatrix} 0 & 0 & 1 & 0 \\ 0 & 0 & 0 & 1 \end{pmatrix}$.

S 的所有闭子序列为 $S_1=[1]$，$S_2=[1,y]$，$S_3=[1,x]$，$S_4=[1,y,x]$，$S_5=[1,y,y^2]$以及 $S_6=S=[1,y,x,y^2]$. 由 $\boldsymbol{E}_A$ 的定义可知 $\boldsymbol{E}_{S_2}=\begin{pmatrix}1&0\\0&0\\0&0\\0&0\end{pmatrix}$，易验证 $1=|\boldsymbol{E}_{S_2}|<\#S_2=2$，即关联矩阵 $\boldsymbol{E}$ 不满足广义的 Pólya 条件. 根据推论 2.2.1 可知，插值格式$(Z,\boldsymbol{E},P_S)$是奇异的.

下面按定义 2.1.4 来验证上述推断. 计算方程组的系数矩阵，有

$$\boldsymbol{M}(\boldsymbol{E},Z)=\begin{pmatrix}1&y_1&x_1+1&x_1^2+2x_1\\0&0&1&2+2x_1\\0&0&1&2x_2\\0&0&0&2\end{pmatrix}.$$

显然行列式 $D(\boldsymbol{E},Z)\equiv 0$，即插值格式$(Z,\boldsymbol{E},P_S)$的确是奇异的.

注 2.2.1 对 Lorentz 提出的多元 Birkhoff 插值格式，在要求张成插值空间的单项基为序理想时，有一个判定插值格式几乎正则的必要条件. 而本书并不必限制单项基构成序理想.

例 2.2.3 给定插值格式$(Z,\boldsymbol{E},P_S)$，其中 $S=[1,x,y^2,xy,x^2]$. 结点集

$$Z=\{z_1,z_2,z_3\}=\{(x_1,y_1),(x_2,y_2),(x_3,y_3)\}.$$

关联矩阵

$$\boldsymbol{E}=\begin{pmatrix}\boldsymbol{E}_1\\\boldsymbol{E}_2\\\boldsymbol{E}_3\end{pmatrix}=\begin{pmatrix}1&2&0&1&1\\0&0&1&0&1\\0&0&0&0&2\\1&0&2&1&0\\0&0&1&0&1\end{pmatrix},$$

其中 $\boldsymbol{E}_1=\begin{pmatrix}1&2&0&1&1\\0&1&0&0&1\end{pmatrix}$，$\boldsymbol{E}_2=\begin{pmatrix}0&0&0&0&2\\1&0&2&1&0\end{pmatrix}$，$\boldsymbol{E}_3=(0\quad 0\quad 1\quad 0\quad 1)$.

显然 S 不是序理想,因为 $y^2\in S$, $y\mid y^2$,但 $y\in S$. S 的所有闭子序列分别为 $S_1=[1]$, $S_2=[1,x]$, $S_3=[1,y^2]$, $S_4=[1,x,y^2]$, $S_5=[1,x,xy]$, $S_6=[1,x,x^2]$, $S_7=[1,x,y^2,xy]$, $S_8=[1,x,y^2,x^2]$, $S_9=[1,x,xy,x^2]$, $S_{10}=S=[1,x,y^2,xy,x^2]$.

对子序列 $S_5=[1,x,xy]$,有

$$\boldsymbol{E}_{S_5}=\begin{pmatrix}1&2&1\\0&0&0\\0&0&0\\1&0&1\\0&0&0\end{pmatrix},$$

$|\boldsymbol{E}_{S_5}|=2<\#S_5=3$,即关联矩阵不满足广义的 Pólya 条件,由推论 2.2.1 可以推断插值格式$(Z,\boldsymbol{E},P_S)$是奇异的.

事实上,设 $f=a_1x^2+a_2xy+a_3y^2+a_4x+a_5$,则插值条件视为以 a_1,a_2,a_3,a_4,a_5 为未知变元的线性方程组时,其系数矩阵为

$$\boldsymbol{M}(\boldsymbol{E},Z)=\begin{pmatrix}x_1^2+4x_1+2&x_1y_1+2y_1+1&{y_1}^2&x_1+2&1\\6&0&2&0&0\\4&0&0&0&0\\x_2^2&x_2y_2+1&y_2^2+4&x_2&1\\0&0&2&0&0\end{pmatrix},$$

经过矩阵的基本初等变换,$\boldsymbol{M}(\boldsymbol{E},Z)$可约化为

$$\begin{pmatrix}1&0&0&0&0\\0&0&1&0&0\\0&0&0&0&0\\x_1^2+4x_1+2&x_1y_1+2y_1+1&{y_1}^2&x_1+2&1\\x_2^2&x_2y_2+1&y_2^2+4&x_2&1\end{pmatrix},$$

可见行列式 $D(\boldsymbol{E},Z)\equiv0$. 这说明插值格式$(Z,\boldsymbol{E},P_S)$确实是奇异的.

广义的 Pólya 条件仅仅是插值格式几乎正则的必要条件,也即:即使关联矩阵满足推广的 Pólya 条件,插值格式也有可能不是几乎正则的,而是奇异的. 下面的例子清晰地说明了这一点.

例 2.2.4　给定按分次字典序排列的单项序列 $S=[1,y,y^2,xy,x^2]$,插值空间

$$P_S=Span_{\mathbb{R}}\{1,y,y^2,xy,x^2\}.$$

插值结点集 $Z=\{z_1,z_2,z_3\}=\{(x_1,y_1),(x_2,y_2),(x_3,y_3)\}\subset\mathbb{R}^2$. 关联矩阵

$$\boldsymbol{E}=\begin{pmatrix}\boldsymbol{E}_1\\ \boldsymbol{E}_2\\ \boldsymbol{E}_3\end{pmatrix}=\begin{pmatrix}1&0&1&0&1\\0&0&0&1&2\\0&0&1&0&0\\1&1&0&1&1\\0&0&1&2&4\end{pmatrix}$$

其中

$$\boldsymbol{E}_1=\begin{pmatrix}1&0&1&0&1\\0&0&0&1&2\end{pmatrix},\boldsymbol{E}_2=\begin{pmatrix}0&0&1&0&0\\1&1&0&1&1\end{pmatrix},\boldsymbol{E}_3=(0\quad 0\quad 1\quad 2\quad 4).$$

下面我们对 S 的所有闭子序列逐一验证.

$$S_1=[1],\boldsymbol{E}_{S_1}=\begin{pmatrix}1\\0\\0\\1\\0\end{pmatrix},2=|\boldsymbol{E}_{S_1}|>\#S_1=1;$$

$$S_2=[1,y],\boldsymbol{E}_{S_2}=\begin{pmatrix}1&0\\0&0\\0&0\\1&1\\0&0\end{pmatrix},2=|\boldsymbol{E}_{S_2}|=\#S_2=2;$$

$$S_3=[1,x^2],\boldsymbol{E}_{S_3}=\begin{pmatrix}1&1\\0&2\\0&0\\1&1\\0&4\end{pmatrix},4=|\boldsymbol{E}_{S_3}|>\#S_3=2;$$

$$S_4=[1,y,y^2],\boldsymbol{E}_{S_4}=\begin{pmatrix}1&0&1\\0&0&0\\0&0&1\\1&1&0\\0&0&1\end{pmatrix},4=|\boldsymbol{E}_{S_4}|>\#S_4=3;$$

$$S_5=[1,y,xy],\boldsymbol{E}_{S_5}=\begin{pmatrix}1&0&0\\0&0&1\\0&0&0\\1&1&0\\0&0&2\end{pmatrix},4=|\boldsymbol{E}_{S_5}|>\#S_5=3;$$

$$S_6=[1,y,x^2],\boldsymbol{E}_{S_6}=\begin{pmatrix}1&0&1\\0&0&2\\0&0&0\\1&1&1\\0&0&4\end{pmatrix},4=|\boldsymbol{E}_{S_6}|>\#S_6=3;$$

$$S_7=[1,y,y^2,xy],\boldsymbol{E}_{S_7}=\begin{pmatrix}1&0&1&0\\0&0&0&1\\0&0&1&0\\1&1&0&1\\0&0&1&2\end{pmatrix},5=|\boldsymbol{E}_{S_7}|>\#S_7=4;$$

$$S_8=[1,y,y^2,x^2],\boldsymbol{E}_{S_8}=\begin{pmatrix}1&0&1&1\\0&0&0&2\\0&0&1&0\\1&1&0&1\\0&0&1&4\end{pmatrix},5=|\boldsymbol{E}_{S_8}|>\#S_8=4;$$

$$S_9=[1,y,xy,x^2],\boldsymbol{E}_{S_9}=\begin{pmatrix}1&0&0&1\\0&0&1&2\\0&0&0&0\\1&1&1&1\\0&0&2&4\end{pmatrix},4=|\boldsymbol{E}_{S_9}|=\#S_9=4;$$

$$S_{10}=S=[1,y,y^2,xy,x^2],\boldsymbol{E}_{S_{10}}=\boldsymbol{E},5=|\boldsymbol{E}_{S_{10}}|=\#S_{10}=5.$$

由定义 2.2.2 可知,关联矩阵 $\boldsymbol{E}$ 满足推广的 Pólya 条件. 然而,计算系数矩阵有 $\boldsymbol{M}(\boldsymbol{E},Z)=\begin{pmatrix}x_1^2+2&x_1y_1&{y_1}^2+2&y_1&1\\4&1&0&0&0\\0&0&2&0&0\\x_2^2+2&x_2y_2+x_2+1&y_2^2+2y_2&y_2+1&1\\8&2&2&0&0\end{pmatrix}$,

简单的计算可得行列式 $D(\boldsymbol{E},Z)\equiv 0$,这意味着插值格式$(Z,\boldsymbol{E},P_S)$是奇异的.

2.3 正则性的一个充分条件

正则的插值格式意味着任意的结点分布都是适定的,即对任意的结点集 Z,插值问题 1 都存在唯一的解. 本节刻画了如何通过对关联矩阵实施特定的初等行变换来判断插值格式的正则性. 首先介绍矩阵特定的初等行变换.

定义 2.3.1　给定关联矩阵 $\boldsymbol{E}=\begin{pmatrix}\boldsymbol{E}_1\\ \boldsymbol{E}_2\\ \vdots\\ \boldsymbol{E}_m\end{pmatrix}$, r_l, r_k 分别代表矩阵 $\boldsymbol{E}$ 的第 l 行和第 k 行,**特定的初等行变换**实施规则有如下定义:

- 若 $r_l, r_k \in \boldsymbol{E}_i$, $i=1,2,\cdots,m$, 则

(1)将矩阵某一行的 a 倍加到另一行上,即 ar_l+r_k 或 ar_k+r_l;

(2)交换两行的位置,即 $r_l \leftrightarrow r_k$.

- 若 $r_l \in \boldsymbol{E}_i$, $r_k \in \boldsymbol{E}_j$, $i \neq j$, 则只能交换两行的位置, $r_l \leftrightarrow r_k$.

定理 2.3.1　若关联矩阵 $\boldsymbol{E}$ 能通过定义 2.3.1 所述的特定初等行变换约化为一个上三角矩阵 $\hat{\boldsymbol{E}}$, 且 $\hat{\boldsymbol{E}}$ 的对角元为非零常数,则插值格式 $(Z,\boldsymbol{E},P_S)$ 是正则的.

证明　由特定的初等行变换可知,关联矩阵 $\boldsymbol{E}$ 约化为 $\hat{\boldsymbol{E}}$ 后,两个矩阵所代表的插值条件是等价的,故欲证明 $(Z,\boldsymbol{E},P_S)$ 是正则的等价于证明插值格式 $(Z,\hat{\boldsymbol{E}},P_S)$ 是正则的. 事实上,系数矩阵 $\boldsymbol{M}(\hat{\boldsymbol{E}},Z)$ 也是一个对角元为非零常数的上三角矩阵,行列式 $D(\hat{\boldsymbol{E}},Z)$ 恒不等于零,插值格式 $(Z,\hat{\boldsymbol{E}},P_S)$ 正则.

例 2.3.1　$S=[1,y,x,y^2,xy,x^2]$ 为按分次字典序排列的单项序列,插值空间 $P_S=Span_{\mathbb{R}}\{1,y,x,y^2,xy,x^2\}$. 结点集 $Z=\{z_1,z_2\}=\{(x_1,y_1),(x_2,y_2)\}\subset\mathbb{R}^2$. 关联矩阵

$$\boldsymbol{E}=\begin{pmatrix}\boldsymbol{E}_1\\ \boldsymbol{E}_2\end{pmatrix}=\begin{pmatrix}1&0&0&1&0&1\\ 1&0&0&2&1&0\\ 0&0&1&0&1&2\\ 0&1&0&0&1&1\\ 0&1&0&0&3&0\\ 0&0&0&0&0&1\end{pmatrix},$$

其中 $\boldsymbol{E}_1=\begin{pmatrix}1&0&0&1&0&1\\1&0&0&2&1&0\\0&0&1&0&1&2\end{pmatrix}$，$\boldsymbol{E}_2=\begin{pmatrix}0&1&0&0&1&1\\0&1&0&0&3&0\\0&0&0&0&0&1\end{pmatrix}$. 实施特定的初等行变换，不难得到

$$\hat{\boldsymbol{E}}=\begin{pmatrix}1&0&0&1&0&1\\0&1&0&0&1&1\\0&0&1&0&1&2\\0&0&0&1&1&-1\\0&0&0&0&2&-1\\0&0&0&0&0&1\end{pmatrix}.$$

显然 $\hat{\boldsymbol{E}}$ 是一个上三角矩阵且对角元皆为非零常数. 由定理 2. 3. 1 可以推断，插值格式 $(Z,\boldsymbol{E},P_S)$ 是正则的. 事实上，计算插值问题的系数矩阵可得

$$\boldsymbol{M}(\boldsymbol{E},Z)=\begin{pmatrix} & y_1 & x_1 & y_1^2+2 & x_1y_1 & x_1^2+2\\1 & y_1 & x_1 & y_1^2+4 & x_1y_1+1 & x_1^2\\0&0&1&0&y_1+1&2x_1+4\\0&1&0&2y_2&x_2+1&2\\0&1&0&2y_2&x_2+3&0\\0&0&0&0&0&2\end{pmatrix}$$

经过适当的计算可得行列式 $D(\boldsymbol{E},Z)\equiv 8$. 这验证了插值格式 $(Z,\boldsymbol{E},P_S)$ 是正则的，与由定理得到的推断一致.

定理中判断插值格式正则的条件并不是必要的，即存在这样的情况：关联矩阵 $\boldsymbol{E}$ 虽不能通过特定的初等行变换化为一个对角元非零的上三角阵，但插值格式正则.

例 2. 3. 2 单项序列 $S=[1,y,x]$，插值空间 $P_S=Span_{\mathbb{R}}\{1,y,x\}$. 结点集

$$Z=\{z_1,z_2\}=\{(x_1,y_1),(x_2,y_2)\}\subset\mathbb{R}^2.$$

$\boldsymbol{E}=\begin{pmatrix}\boldsymbol{E}_1\\ \boldsymbol{E}_2\end{pmatrix}=\begin{pmatrix}1&0&0\\2&1&1\\0&1&2\end{pmatrix}$,其中 $\boldsymbol{E}_1=\begin{pmatrix}1&0&0\\2&1&1\end{pmatrix}$,$\boldsymbol{E}_2=(0\quad 1\quad 2)$. 由于 $r_1,r_2\in\boldsymbol{E}_1$,实施行变换 $-2r_1+r_2$ 可得

$$\hat{\boldsymbol{E}}=\begin{pmatrix}1&0&0\\0&1&1\\0&1&2\end{pmatrix}.$$

因为 r_2 和 r_3 来自不同的子矩阵($r_2\in\boldsymbol{E}_1,r_3\in\boldsymbol{E}_2$),不可以用 r_2 来消去 r_3. 因此,$\hat{\boldsymbol{E}}$ 按照特定的初等行变换已经是约化的,且 $\hat{\boldsymbol{E}}$ 并不是一个上三角阵. 计算系数矩阵 $\boldsymbol{M}(\boldsymbol{E},Z)=\begin{pmatrix}1&y_1&x_1\\0&1&1\\0&1&2\end{pmatrix}$,不难算出行列式 $D(\boldsymbol{E},Z)\equiv 1$,插值格式 $(Z,\boldsymbol{E},P_S)$ 正则.

上面的两个例子,关联矩阵都是可逆的,插值格式也都是正则的. 事实上,这仅仅是个巧合,关联矩阵可逆并不足以保证插值格式的正则性,下面的例子可以清晰地说明这一点.

例 2.3.3　单项序列 $S=[1,y,x,y^2]$,插值空间 $P_S=Span_{\mathbb{R}}\{1,y,x,y^2\}$. 结点集 $Z=\{z_1,z_2,z_3\}=\{(x_1,y_1),(x_2,y_2),(x_3,y_3)\}\subset\mathbb{R}^2$. 关联矩阵 $\boldsymbol{E}=\begin{pmatrix}1&0&0&1\\0&1&1&0\\1&0&2&1\\0&1&1&2\end{pmatrix}$,其中 $\boldsymbol{E}_1=\begin{pmatrix}1&0&0&1\\0&1&1&0\end{pmatrix}$,$\boldsymbol{E}_2=(1\quad 0\quad 2\quad 1)$,$\boldsymbol{E}_3=(0\quad 1\quad 1\quad 2)$. 矩阵 $\boldsymbol{E}$ 在基本初等行变换下可约化为 $\widetilde{\boldsymbol{E}}=\begin{pmatrix}1&0&0&1\\0&1&1&0\\0&0&2&0\\0&0&0&2\end{pmatrix}$,可见

$\boldsymbol{E}$ 是可逆的. 若设多项式

$$f=a_1y^2+a_2x+a_3y+a_4,$$

插值条件视为以 a_i 为未知变元的线性方程组,其系数矩阵

$$\boldsymbol{M}(\boldsymbol{E},Z)=\begin{pmatrix} y_1^2+2 & x_1 & y_1 & 1 \\ 2y_1 & 1 & 1 & 0 \\ y_2^2+2 & x_2+2 & y_2 & 1 \\ 2y_3+4 & 1 & 1 & 0 \end{pmatrix},$$

计算其行列式可得 $D(\boldsymbol{E},Z)=2(y_3-y_1+2)(x_2-y_2+y_1-x_1+2)$,可见 $D(\boldsymbol{E},Z)$ 是以 x_1,y_1,x_2,y_2,y_3 为变元的多项式,是否为零与结点的分布相关,插值格式不是正则的.

第 3 章　多元 Birkhoff 插值问题的适定插值基

本章主要探讨了多项式插值中的一类重要问题：给定插值结点和插值条件，求适定的插值基(插值空间). 适定的插值基可以是单项基，也可以是多项式基，给定单项序，按序极小的适定单项基是唯一的，而不同单项序下的极小基一般并不相同. 3.1 节给出了一般性 Birkhoff 插值问题的具体描述，其插值条件依然由关联矩阵描述，为多项式微分条件，并探讨了插值问题有解(即存在适定插值基)的充要条件；3.2 节给出了求解一般性 Birkhoff 插值问题极小单项基的 BMMB 算法；3.3 节证明了当定义插值条件的关联矩阵满足某些比较好的性质时，适定的多项式基可由关联矩阵的信息直接得到. 3.4 节讨论了每个结点上的插值条件都相同的插值问题，给出了插值空间适定的一个充要条件.

3.1　一般性 Birkhoff 插值问题的介绍

问题 2　$S=[t_1,\cdots,t_l]$ 是一个按分次字典序排列的单项序列，$D=[D_1,\cdots,D_l]$ 为与之对应的微分算子序列，$Z=\{z_i\}_{i=1}^m=\{(x_{i1},\cdots,x_{in})\}_{i=1}^m\subset\mathbb{R}^n$ 是给定的插值结点集，$\boldsymbol{E}=\begin{pmatrix}\boldsymbol{E}_1\\ \boldsymbol{E}_2\\ \vdots\\ \boldsymbol{E}_m\end{pmatrix}$ 为关联矩阵，其中 $\boldsymbol{E}_i=(e_{jh}^{(i)})$，且不含零行，$1\leqslant i\leqslant m,j=$

$1,\cdots,j_i,h=1,\cdots,l,e_{jh}^{(i)}\in\mathbb{R}$. $\boldsymbol{E}_i$ 中第 j 行所对应的插值条件泛函记为 L_j^i，Birkhoff 插值问题可以描述为**求一组插值基**，使得对任给的型值 $c_{ij}\in\mathbb{R}$，$1\leqslant i\leqslant m,j=1,\cdots,j_i$，在这组基张成的插值空间 P 中都存在唯一的插值多项式 f 满足插值条件

$$L_j^i(f)=\sum_{h=1}^{l}e_{jh}^{(i)}D_hf(z_i)=c_{ij},1\leqslant i\leqslant m,1\leqslant j\leqslant j_i. \tag{3.1}$$

满足上述性质的插值基称为**适定的插值基**，相应地，插值空间 P 称为**适定的插值空间**.

由于插值条件由关联矩阵 $\boldsymbol{E}$ 和单项序列 S 唯一确定，因此本章讨论的**一般性 Birkhoff 插值问题可简记为**$(Z,\boldsymbol{E},S)$. 给定插值问题$(Z,\boldsymbol{E},S)$，我们首先来探讨解的存在性，即是否存在适定的插值基. 在给出插值问题有解的充要条件之前，先回顾几个重要结论.

定义 3.1.1[74] 给定 s 个线性泛函 $\{L_1,\cdots,L_s\}$，如果$\mathbb{R}$-线性空间 $Q\subset\mathbb{R}[\mathbb{X}]$ 满足 $Q=\{f\in\mathbb{R}[\mathbb{X}]:L_i(f)=0,1\leqslant i\leqslant s\}$，则称 Q 是由这组泛函定义的. 若 $\{L_1,\cdots,L_s\}$ 是线性无关的，则称它们是 Q 的**对偶基**.

注 3.1.1 若 $\{L_1,\cdots,L_s\}$ 是定义 Lagrange 插值或 Hermite 插值的线性泛函，则由这组泛函定义的空间 Q(即满足齐次插值条件的多项式集)构成一个理想，因此 Lagrange 插值和 Hermite 插值被统称为理想插值[73].

设$\mathbb{R}$-线性空间，$Q\subset\mathbb{R}[\mathbb{X}]$，$\mathbb{R}[\mathbb{X}]/Q$ 是其对应的商空间. f 所在的等价类 $[f]$ 表示下列集合

$$[f]=\{g\in\mathbb{R}[\mathbb{X}]:\exists h\in Q,s.t.f=g+h\}.$$

定义 3.1.2 称等价类 $[f_1],[f_2],\cdots,[f_s]$ 是线性相关的，如果存在不全为零的常数 $c_i\in\mathbb{R}$，$1\leqslant i\leqslant s$，使

$$c_1[f_1]+\cdots+c_s[f_s]=\sum_{i=1}^{s}c_i[f_i]=\sum_{i=1}^{s}[c_if_i]=0$$

即 $\sum_{i=1}^{s}c_if_i\in Q$.

定理 3.1.1[74]　设 Q 是由线性泛函 $\{L_1,\cdots,L_s\}$ 定义的，则 $\dim([\mathbb{X}]/Q)\leqslant s$，且等式成立当且仅当 $\{L_1,\cdots,L_s\}$ 是 Q 的对偶基.

定义 3.1.3[83]　设线性空间 $Q\subset\mathbb{R}[\mathbb{X}]$，$\dim(\mathbb{R}[\mathbb{X}]/Q)=s\geqslant r$. 给定单项序 $<$，如果单项集 $T=\{t_1,\cdots,t_r\}$ 满足

(1) $t_1<\cdots<t_r$；

(2) $[t_1],\cdots,[t_r]$ 是线性无关的；

(3) $\forall t^*<t_1,[t^*]=[0]$；

(4) 如果 $t_1\leqslant t^*<t_r$，则 $\exists a_i\in K,s.t.\ [t^*]=\sum\limits_{\{i:t_1\leqslant t^*,t_i\in T\}}a_i[t_i]$，

那么称 $t_1,\cdots,t_r$ 是由 Q 确定的**前 r 个线性无关的单项**，简记为 r-FLIT.

定理 3.1.2[83]　设 $\dim(\mathbb{R}[\mathbb{X}]/Q)=s$. 给定单项序 $<$，若 $T=\{t_i,1\leqslant i\leqslant s\}$ 为向量空间 Q 确定 s-FLIT，则 $\mathbb{R}[\mathbb{X}]/Q\cong Span_{\mathbb{R}}\{t_1,\cdots,t_s\}$.

定义 3.1.4　给定一个单项序 $<$，称单项集 $T=\{t_1,\cdots,t_s\}$ 是 Birkhoff 插值问题 $(Z,\boldsymbol{E},S)$ 的**极小单项基**，若

(1) T 为插值问题 $(Z,\boldsymbol{E},S)$ 的适定单项基；

(2) 对任何其他的插值单项基 $\hat{T}=\{\hat{t}_1,\cdots,\hat{t}_s\}$，若 $\hat{t}_1<\hat{t}_2<\cdots<\hat{t}_s$，则 $t_i\leqslant\hat{t}_i$ $(1\leqslant i\leqslant s)$ 成立.

由极小单项基张成的空间称为极小插值空间.

定理 3.1.3[83]　S 为按分次字典序排列的单项序列，给定一组插值结点集 Z 和关联矩阵 $\boldsymbol{E}$，其中矩阵 $\boldsymbol{E}$ 的行数为 $|\boldsymbol{E}|=s$. $\{L_1,\cdots,L_s\}$ 是由 $(Z,\boldsymbol{E},S)$ 确定的插值条件泛函，Q 是由这组泛函定义的 $\mathbb{R}$-线性空间. 假定插值泛函是线性无关的，则由定理 3.1.1 可知 $\dim(\mathbb{R}[\mathbb{X}]/Q)=s$. 给定单项序 $<$，若 $t_1,\cdots,t_s$ 是由 Q 确定的前 s 个线性无关单项，则 $T=\{t_1,\cdots,t_s\}$ 是 Birkhoff 插值问题 $(Z,\boldsymbol{E},S)$ 的极小单项基.

注 3.1.2　若 $\{L_1,\cdots,L_s\}$ 是定义 Birkhoff 插值的条件泛函，则由这组泛函定义的空间 Q（即满足齐次插值条件的多项式集）不再是理想，因此 Birkhoff 插值

被称为非理想插值. 定理 3. 1. 2 和定理 3. 1. 3 说明了当定义 Birkhoff 插值问题的条件泛函线性无关时,由泛函定义的线性子空间 Q 所确定的商空间恰与适定的插值空间同构. 若插值泛函线性相关,则说明插值问题中存在冗余的插值条件,此时插值问题不存在适定的插值空间. 具体有如下定理.

定理 3. 1. 4　Birkhoff 插值问题$(Z,\boldsymbol{E},S)$有解(即存在适定的插值基)的充要条件是插值条件泛函$\{L_1,\cdots,L_s\}$线性无关.

证明　若插值条件泛函$\{L_1,\cdots,L_s\}$线性无关,则由定理 3. 1. 3 可知,泛函$\{L_1,\cdots,L_s\}$定义的线性子空间 Q 所确定的商空间同构于适定的插值空间,故选择商空间中等价类的恰当代表元即为适定的插值基.

反过来,若 Birkhoff 插值问题存在适定的插值基,不妨设为$\{g_1,\cdots,g_r\}$,则对任给的型值 $b_1,\cdots,b_s$,存在唯一的多项式$f=\sum_{i=1}^{r}a_ig_i$,满足插值条件:

$$L_i(f)=L_i(\sum_{i=1}^{r}a_ig_i)=\sum_{i=1}^{r}a_iL_i(g_i)=b_i,i=1,\cdots,s. \tag{3.2}$$

即以 a_i 为未知量的线性方程组

$$\begin{pmatrix} L_1(g_1) & \cdots & L_1(g_r) \\ \vdots & & \vdots \\ L_s(g_1) & \cdots & L_s(g_r) \end{pmatrix}\begin{pmatrix} a_1 \\ \vdots \\ a_r \end{pmatrix}=\begin{pmatrix} b_1 \\ \vdots \\ b_s \end{pmatrix}$$

对任给的型值 $b_1,\cdots,b_s$ 都有唯一的解,则说明系数矩阵为方阵且可逆,即 $r=s$,且泛函$\{L_1,\cdots,L_s\}$线性无关. 若不然,存在一组不全为零的实数 $c_1,\cdots,c_s$,使得

$$c_1L_1+c_2L_2+\cdots+c_sL_s=0,$$

系数矩阵经初等行变换可化为

$$\begin{pmatrix} L_1(g_1) & \cdots & L_1(g_r) \\ \vdots & & \vdots \\ \sum_{i=1}^{s}c_iL_i(g_1) & \cdots & \sum_{i=1}^{s}c_sL_s(g_s) \end{pmatrix}=\begin{pmatrix} L_1(g_1) & \cdots & L_1(g_r) \\ \vdots & & \vdots \\ 0 & \cdots & 0 \end{pmatrix},$$

这与系数矩阵可逆矛盾,故泛函$\{L_1,\cdots,L_s\}$线性无关. 证毕.

推论 3. 1. 1　插值问题$(Z,\boldsymbol{E},S)$有解的充要条件是每个结点 z_i 对应的关联矩阵 $\boldsymbol{E}_i$ 行满秩，$i=1,\cdots,m$.

证明　对任给的多项式f，插值条件泛函记为

$$L_j^i(f)=\sum_{h=1}^{l} e_{jh}^{(i)} D_h f(z_i)=c_{ij},1\leqslant i\leqslant m,1\leqslant j\leqslant j_i.$$

$D=[D_1,\cdots,D_l]$为与 S 对应的微分算子序列. 若插值问题有解，由定理 3. 1. 4 可知，泛函 L_j^i 线性无关，$1\leqslant i\leqslant m$，$1\leqslant j\leqslant j_i$. 则显然有每个子矩阵 $\boldsymbol{E}_i$ 行满秩，也即行向量线性无关. 若不然，假设 $\boldsymbol{E}_k$ 不满足行满秩，则存在不全为零的实数 $c_1,\cdots,c_{j_k}$，使得

$$\sum_{j=1}^{j_k} c_j e_{jh}^{(k)}=c_1 e_{1h}^{(k)}+c_2 e_{2h}^{(k)}+\cdots+c_{j_k} e_{j_k h}^{(k)}=0,h=1,\cdots,l.$$

从而对任意多项式f，有

$$\sum_{j=1}^{j_k} c_j L_j^k(f)=\sum_{j=1}^{j_k} c_j e_{jh}^{(k)} D_h f(z_k)=\left(\sum_{j=1}^{j_k} c_j e_{jh}^{(k)}\right) D_h f(z_k)\equiv 0,h=1,\cdots,l.$$

这说明$\sum_{j=1}^{j_k} c_j L_j^k=0$，即 $\boldsymbol{E}_k$ 对应的插值泛函$\{L_1^k,L_2^k,\cdots,L_{j_k}^k\}$线性相关，这与泛函 L_j^i 线性无关矛盾.

另一方面，若每个子矩阵 $\boldsymbol{E}_i$ 行满秩，则其对应的泛函为 $L_1^i,\cdots,L_{j_i}^i$，设存在实数 $c_1,\cdots,c_{j_i}$ 使得$\sum_{j=1}^{j_i} c_j L_j^i=0$，则对任意多项式$f$，

$$\sum_{j=1}^{j_i} c_j L_j^i(f)=\sum_{j=1}^{j_i} c_j e_{jh}^{(i)} D_h f(z_i)=\left(\sum_{j=1}^{j_i} c_j e_{jh}^{(i)}\right) D_h f(z_i)\equiv 0,h=1,\cdots,l.$$

故有$\sum_{j=1}^{j_i} c_j e_{jh}^{(i)}=0,h=1,\cdots,l$. 因为$\boldsymbol{E}_i$ 行满秩，只能有 $c_1=c_2=\cdots=c_{j_i}=0$，即每个子矩阵对应的插值泛函都是线性无关的. 而不同子矩阵 $\boldsymbol{E}_i,\boldsymbol{E}_j$ 对应的线性泛函 L_k^i,L_h^j 是对多项式求导后在不同的结点上赋值，故一定线性无关. 综上所述，若每个子矩阵 $\boldsymbol{E}_i$ 行满秩，则插值条件泛函线性无关，从而插值问题有解，即存在适定插值基. 证毕.

有了推论 3. 1. 1，对任意给定的插值问题$(Z,\boldsymbol{E},S)$，首先通过判断关联矩阵

中的每个子矩阵 $\boldsymbol{E}_i$ 是否行满秩来确定插值问题解的存在性,在有解的情况下再寻找适定的插值基. 下一节中,我们基于计算 Lagrange 插值问题极小单项基的 BM 算法[72],提出了计算一般性 Birkhoff 插值问题极小单项基的 BMMB 算法.

3.2 一般性 Birkhoff 插值问题的极小单项基

定义 3.2.1 令 $G=\{g_1,\cdots,g_s\}$ 是一个多项式集. 线性泛函 $\{L_i,\cdots,L_s\}$ 由结点集 $Z=\{z_i\}_{i=1}^m\subset\mathbb{R}^n$,单项序列 S 和关联矩阵 $\boldsymbol{E}$ 确定.

- $\mathbb{R}$ -线性映射 $F_Z:\mathbb{R}[X]\to\mathbb{R}^s$ 定义为 $F_Z(g_i)=(L_1(g_i),\cdots,L_s(g_i))^T$;
- 矩阵 $\boldsymbol{M}_G(Z)=(m_{ij})_{s\times s}$,其中 $m_{ij}=L_i(g_j)$, $i=1,\cdots,r$; $j=1,\cdots,s$.

若 $T=\{t_1,\cdots,t_s\}$ 为单项集合,定义插值条件的线性泛函为 $\{L_i,\cdots,L_s\}$, $Z=\{z_i\}_{i=1}^m\subset\mathbb{R}^n$ 为插值结点集. 设插值多项式 $f=\sum\limits_{i=1}^s a_it_i$,对任意给定的型值 $c_1,\cdots,c_s$,满足插值条件

$$L_i(f)=L_i\Big(\sum_{i=1}^s a_it_i\Big)=\sum_{i=1}^s a_iL_i(t_i)=c_i,i=1,\cdots,s. \tag{3.3}$$

插值条件 3.3 是以 a_i 为未知变元的线性方程组

$$\begin{pmatrix} L_1(t_1) & \cdots & L_1(t_s)\\ \vdots & & \vdots\\ L_s(t_1) & \cdots & L_s(g_s)\end{pmatrix}\begin{pmatrix} a_1 & & \\ & \ddots & \\ & & a_r\end{pmatrix}=\begin{pmatrix} c_1\\ \vdots\\ c_s\end{pmatrix}.$$

系数矩阵恰为 $\boldsymbol{M}_T(Z)$, T 为适定的单项基当且仅当矩阵 $\boldsymbol{M}_T(Z)$ 可逆.

定理 3.2.1 给定 Birkhoff 插值问题$(Z,\boldsymbol{E},S)$, $T=\{t_1,\cdots,t_s\}$ 为按序 $<$ 排列的单项集,若

(1) 矩阵 $\boldsymbol{M}_T(Z)$ 可逆;

(2) 对任何其他的单项集 $\hat{T}=\{\hat{t}_1,\cdots,\hat{t}_r\}$,若矩阵 $\boldsymbol{M}_{\hat{T}}(Z)$ 可逆且 $\hat{t}_1<\hat{t}_2<\cdots$

$<\hat{t}_r$,则 $t_i \leqslant \hat{t}_i(1 \leqslant i \leqslant r)$ 成立;

则 $T=\{t_1,\cdots,t_s\}$ 为 Birkhoff 插值问题的极小单项基.

证明　由定义 3. 1. 4 可直接得证.

定义 3. 2. 2　设 T 为单项集合,对于给定的结点集 $Z \subset \mathbb{R}^n$,若矩阵 $\boldsymbol{M}_{T\cup\{t\}}(Z)$ 列满秩,则称向量 $\boldsymbol{F}_Z(t)$ 与矩阵 $\boldsymbol{M}_T(Z)$ 是线性无关的.

由定理 3. 2. 1 可逐步构造 Birkhoff 插值问题$(Z,\boldsymbol{E},S)$分次序下的极小单项基,将单项按给定的分次序由小到大排列,依次选取单项 t,若将 t 添加到集合 T 后,$\boldsymbol{M}_{T\cup\{t\}}(Z)$ 列满秩,则将单项 t 保留在集合 T 中,否则按序选取下一个单项,直到单项集中线性无关的单项个数达到插值空间维数时终止. 具体算法如下:

BMMB **算法**:令 $\prec$ 为给定的分次序,插值问题由$(Z,\boldsymbol{E},S)$ 给定,结点集 $Z=\{z_i\}_{i=1}^m=\{(x_{i1},\cdots,x_{in})\}_{i=1}^m \subset \mathbb{R}^n$,$\boldsymbol{E}$ 含有 m 个子矩阵,不含零行,$\sum\limits_{i=1}^m |\boldsymbol{E}_i|=s$. $L=\{L_1,\cdots,L_s\}$ 为插值条件泛函. T 为单项集合. $\boldsymbol{\Phi}$ 是按序 $\prec$ 排列的单项序列.

STEP1. 令 $T=\varnothing$,$\boldsymbol{\Phi}=[1]$.

STEP2. 计算 $\mathrm{rank}(\boldsymbol{E}_i)$. 若 $\mathrm{rank}(\boldsymbol{E}_i)=|\boldsymbol{E}_i|$,$1 \leqslant i \leqslant m$,则转入 STEP3. 否则终止计算并返回 $T=\varnothing$.

STEP3. 令 $t=\min_{\prec}(\boldsymbol{\Phi})$ 并从 $\boldsymbol{\Phi}$ 中删除 t. 将单项$\{x_1 t,\cdots,x_n t\}$添加到 $\boldsymbol{\Phi}$ 中.

STEP4. 若向量 $\boldsymbol{F}_Z(t) \neq 0$,则将单项 t 添加到 T 中. 否则转入 STEP3.

STEP5. 令 $t=\min_{\prec}(\boldsymbol{\Phi})$ 并从 $\boldsymbol{\Phi}$ 中删除 t. 将单项$\{x_1 t,\cdots,x_n t\}$添加到 $\boldsymbol{\Phi}$ 中.

STEP6. 若向量 $\boldsymbol{F}_Z(t)$ 与矩阵 $\boldsymbol{M}_T(Z)$ 线性无关,则将单项 t 添加到 T 中. 否则转入 STEP5.

STEP7. 若$\#T=s$,停止并返回 $T=\{t_i,1 \leqslant i \leqslant s\}$. 否则转入 STEP5.

定理 3. 2. 2　算法有限终止,若 $\mathrm{rank}(\boldsymbol{E}_i)=|\boldsymbol{E}_i|$,$i=1,\cdots,m$,则输出的单项集 $T=\{t_i,1 \leqslant i \leqslant s\}$ 恰为极小插值单项基.

证明　设 Q 是由线性泛函 $L=\{L_i\}_{i=1}^s$ 定义的,若 $\mathrm{rank}(\boldsymbol{E}_i)<|\boldsymbol{E}_i|$,$i=1,\cdots,$

m,则插值问题不存在适定的单项基,由 STEP 2 知算法终止. 若 $\operatorname{rank}(\boldsymbol{E}_i)=|\boldsymbol{E}_i|,i=1,\cdots,m$, 条件泛函 $L=\{L_i\}_{i=1}^{s}$ 线性无关,$\dim(\mathbb{R}[X]/Q)=s$,存在由 Q 确定的 s 个线性无关单项. 故有限步内可以得到$\#T=s$,算法终止. T 中的单项是模 Q 线性无关的,又因为是按给定的分次序$<$添加单项. 故 T 是由 Q 确定的前 s 个线性无关单项. 由定理 3. 1. 3 可知,T 为分次序$<$下的极小单项基. 证毕.

例 3. 2. 1　给定插值问题$(Z,\boldsymbol{E},S)$,其中插值结点集

$$Z=\{z_1,z_2,z_3\}=\{(1,1),(1,2),(2,6)\},$$

定义插值条件的关联矩阵 $\boldsymbol{E}$ 及单项序列 S 如表 3. 1 所示,求分次字典序$<_{\mathrm{grlex}}$下的极小单项基.

表 3. 1　**插值微分条件表**

S	1	y	x	y^2	xy	结点
D	1	$\frac{\partial}{\partial y}$	$\frac{\partial}{\partial x}$	$\frac{\partial^2}{\partial y^2}$	$\frac{\partial^2}{\partial x\partial y}$	
$\boldsymbol{E}_1$	1	0	1	0	0	z_1
	2	1	0	0	0	
$\boldsymbol{E}_2$	0	1	0	1	0	z_2
$\boldsymbol{E}_3$	1	0	1	0	1	z_3
	2	1	0	0	0	

容易验证 $\operatorname{rank}(\boldsymbol{E}_1)=\operatorname{rank}(\boldsymbol{E}_3)=2,\operatorname{rank}(\boldsymbol{E}_2)=1$,即插值问题存在极小单项基. 由$(Z,\boldsymbol{E},S)$确定的线性无关的插值条件泛函为 $L_1(f)=f(z_1)+\frac{\partial}{\partial x}f(z_1)$;

$$L_2(f)=2f(z_1)+\frac{\partial}{\partial y}f(z_1);$$

$$L_3(f)=\frac{\partial}{\partial y}f(z_2)+\frac{\partial^2}{\partial x\partial y};$$

$$L_4(f)=f(z_3)+\frac{\partial}{\partial x}f(z_3)+\frac{\partial^2}{\partial x^2};$$

$$L_5(f)=2f(z_3)+\frac{\partial}{\partial y}f(z_3);$$

按照极小单项基算法，逐步添加单项.

$T=\varnothing$，$\boldsymbol{\Phi}=[1]$；取 $t=1$，将 1 从 $\boldsymbol{\Phi}$ 中删除，并加入 y,x，即 $\boldsymbol{\Phi}=[y,x]$；

$\boldsymbol{F}_Z(1)=(L_1(1),L_2(1),L_3(1),L_4(1),L_5(1))^{\mathrm{T}}=(1,2,0,1,2)^{\mathrm{T}}$ 为非零列向量，故将 1 添加到单项集 T 中，$T=\{1\}$，$\boldsymbol{M}_T(Z)=(1,2,0,1,2)^{\mathrm{T}}$；

取 $t=y$，将 y 从 $\boldsymbol{\Phi}$ 中删除，并加入 y^2,xy，即 $\boldsymbol{\Phi}=[x,y^2,xy]$；

$\boldsymbol{F}_Z(y)=(L_1(y),L_2(y),L_3(y),L_4(y),L_5(y))^{\mathrm{T}}=(1,3,1,6,13)^{\mathrm{T}}$，与列向量 $\boldsymbol{F}_Z(1)$ 线性无关，故将 y 添加到 T 中，$T=\{1,y\}$，$\boldsymbol{M}_T(Z)=\begin{pmatrix}1&1\\2&3\\0&1\\1&6\\2&13\end{pmatrix}$；

取 $t=x$，将 x 从 $\boldsymbol{\Phi}$ 中删除，并加入 xy,x^2，即 $\boldsymbol{\Phi}=[y^2,xy,x^2]$；

$\boldsymbol{F}_Z(x)=(L_1(x),L_2(x),L_3(x),L_4(x),L_5(x))^{\mathrm{T}}=(2,2,0,3,4)^{\mathrm{T}}$，可验证 $\boldsymbol{F}_Z(x)$ 与 $\boldsymbol{M}_T(Z)$ 线性无关，故将 x 添加到 T 中，$T=\{1,y,x\}$，$\boldsymbol{M}_T(Z)=\begin{pmatrix}1&1&2\\2&3&2\\0&1&0\\1&6&3\\2&13&4\end{pmatrix}$；

取 $t=y^2$，将 y^2 从 $\boldsymbol{\Phi}$ 中删除，并加入 y^3,xy^2，即 $\boldsymbol{\Phi}=[xy,x^2,y^3,xy^2]$；

$\boldsymbol{F}_Z(y^2)=(L_1(y^2),L_2(y^2),L_3(y^2),L_4(y^2),L_5(y^2))^{\mathrm{T}}=(1,4,4,36,84)^{\mathrm{T}}$，可验证 $\boldsymbol{F}_Z(y^2)$ 与 $\boldsymbol{M}_T(Z)$ 线性无关，故将 y^2 添加到 T 中，

$$T=\{1,y,x,y^2\},\boldsymbol{M}_T(Z)=\begin{pmatrix}1&1&2&1\\2&3&2&4\\0&1&0&4\\1&6&3&36\\2&13&4&84\end{pmatrix}.$$

取 $t=xy$,将 xy 从 $\boldsymbol{\Phi}$ 中删除,并加入 xy^2,x^2y,即 $\boldsymbol{\Phi}=[x^2,y^3,xy^2,x^2y]$;

$\boldsymbol{F}_Z(xy)=(L_1(xy),L_2(xy),L_3(xy),L_4(xy),L_5(xy))^{\mathrm{T}}=(2,3,2,18,26)^{\mathrm{T}}$,可验证 $\boldsymbol{F}_Z(xy)$ 与 $\boldsymbol{M}_T(Z)$ 线性无关,故将 xy 添加到 T 中,

$$T=\{1,y,x,y^2,xy\},\#T=\dim(\mathbb{R}[X]/Q)=5,$$

故算法终止,$T=\{1,y,x,y^2,xy\}$,为插值问题 $(Z,\boldsymbol{E},S)$ 分次字典序下的极小单项基.

3.3 由插值条件直接得到适定插值基的一类 Birkhoff 插值问题

给定插值问题 $(Z,\boldsymbol{E},S)$,如果对插值条件有所限制,即关联矩阵满足一些特殊性质时,插值问题的适定基可以不通过计算而直接得到. 首先介绍一下比较单项大小的乘积序<.

定义 3.3.1 给定两个单项 $x_1^{\alpha_1}x_2^{\alpha_2}\cdots x_n^{\alpha_n}$ 和 $x_1^{\beta_1}x_2^{\beta_2}\cdots x_n^{\beta_n}$,若满足 $\alpha_k\geqslant\beta_k\geqslant0$,$k=1,2,\cdots,n$,且至少存在一个指标 j 使得 $\alpha_j>\beta_j\geqslant0$ 成立,则称单项 $x_1^{\alpha_1}x_2^{\alpha_2}\cdots x_n^{\alpha_n}$ 在乘积序下大于单项 $x_1^{\beta_1}x_2^{\beta_2}\cdots x_n^{\beta_n}$,记为 $x_1^{\alpha_1}x_2^{\alpha_2}\cdots x_n^{\alpha_n}>x_1^{\beta_1}x_2^{\beta_2}\cdots x_n^{\beta_n}$.

注 3.3.1 乘积序<并不是单项序,因为并不是任意两个单项都可以在乘积序<下比较大小,比如根据定义 3.3.1,我们既不能得到单项 x^2y^3 比单项 x^3y^2 大,也不能得到 x^2y^3 比单项 x^3y^2 小,此时称两个单项在序<下是不可比较的. 称单项 t_i 不小于单项 t_j,若 $t_i>t_j$ 或 t_i 与 t_j 不可比较.

引理 3.3.1 令 $f=\sum_{i=1}^{m}a_it_i$ 为 $\mathbb{R}[X]$ 中的多项式,若单项 $x_1^{\alpha_1}x_2^{\alpha_2}\cdots x_n^{\alpha_n}$ 在乘积序 < 下不比任意的单项 t_i 小,$i=1,\cdots,m$,则 $\dfrac{\partial^{\alpha_1+\cdots+\alpha_n}}{\partial x_1^{\alpha_1}\cdots\partial x_n^{\alpha_n}}f\equiv0$.

定义 3.3.2 令 S 为按分次字典序 $<_{\mathrm{grlex}}$ 排列的单项序列,称 $[S_1,S_2,\cdots,S_m]$ 为序列 S 的正则链,若满足

(1) $S_i \subset S, i=1,\cdots,m$;

(2) 子序列 S_i 中的单项在乘积序$<$下是不可比较的, $i=1,\cdots,m$;

(3) 存在一个置换, $\boldsymbol{\sigma}=\begin{pmatrix} 1 & 2 & \cdots & m \\ d_1 & d_2 & \cdots & d_m \end{pmatrix}$, 使得序列 S_{d_i} 中的任意单项在乘积序$<$下不小于序列 S_{d_j} 中的任意单项, 其中 $1\leqslant j<i\leqslant m$.

定理 3.3.1　给定插值问题 $(Z,\boldsymbol{E},S)$, 其中 $S=[t_1,\cdots,t_l]$ 为按分次字典序 $\prec$ 排列的单项序列. 结点集 $Z=\{z_i\}_{i=1}^m$. 关联矩阵 $\boldsymbol{E}=\begin{pmatrix} \boldsymbol{E}_1 \\ \boldsymbol{E}_2 \\ \vdots \\ \boldsymbol{E}_m \end{pmatrix}$, 每个子矩阵 $\boldsymbol{E}_i$ 为一个非零行向量, 即 $\boldsymbol{E}_i=(e_1^{(i)},e_2^{(i)},\cdots,e_l^{(i)})$, $e_h^{(i)}\in\mathbb{R}$, $h=1,\cdots,l$. $\boldsymbol{E}_i$ 中的非零元素对应着序列 S 的一个单项子序列, 记为 $S_i, i=1,\cdots,m$. 若下述条件成立,

(1) 关联矩阵 $\boldsymbol{E}$ 的每一列中至多有一个非零元素,

(2) $[S_1,S_2,\cdots,S_m]$ 为单项序列 S 的正则链,

则多项式集 $\left\{f_i=\sum_{h=1}^{l} e_h^{(i)} t_h\right\}_{i=1}^{m}$ 恰为适定的插值基.

证明　因为每个子矩阵 $\boldsymbol{E}_i$ 都为一个非零行向量, 由推论 3.1.1 可知插值问题存在适定的插值基. 令 $P\subset\mathbb{R}[X]$ 表示由多项式集 $\{f_i\}_{i=1}^m$ 张成的子空间, 多项式 f_i 的支集恰为序列 S_i 中的单项. 因为关联矩阵 $\boldsymbol{E}$ 的每一列至多含有一个非零元素, 则根据子序列 $S_i, i=1,\cdots,m$ 的定义可知 $[S_1,S_2,\cdots,S_m]$ 满足

$$S_i\cap S_j=\varnothing, i\neq j.$$

这意味着多项式 $f_1, f_2,\cdots, f_m$ 是线性无关的. 因此 $\dim P=m$, 等于插值条件个数.

P 为适定的插值空间, 当且仅当对任给的型值 $b_i, 1\leqslant i\leqslant m$, 存在唯一的插值多项式 $f=\sum_{i=1}^{m} a_i f_i$ 满足插值条件

$$L_i(f)=b_i, i=1,\cdots,m.$$

L_i 为 (Z,E,S) 确定的插值条件泛函. 上述方程是以 $a_i, i=1,\cdots,m$, 为未知

元的线性方程组,其系数矩阵是个方阵,记为 $\boldsymbol{M}(\boldsymbol{E},Z)$,若能证明矩阵 $\boldsymbol{M}(\boldsymbol{E},Z)$ 可逆,则可说明 $\{f_i=\sum_{h=1}^{l}e_h^{(i)}t_h\}_{i=1}^{m}$ 为适定的插值基.

因为 $[S_1,S_2,\cdots,S_m]$ 是序列 S 的正则链,则存在子序列的一个置换 $[S_{d_1},S_{d_2},\cdots,S_{d_m}]$ 使得当 $1\leqslant j<i\leqslant m$ 时,子序列 S_{d_i} 中的任意单项都不小于子序列 S_{d_j} 中的任意单项. 用同样的置换重新排列多项式 $\{f_i\}_{i=1}^{m}$ 和插值条件泛函 $\{L_i\}_{i=1}^{m}$ 得到多项式序列 $[f_{d_1},f_{d_2},\cdots,f_{d_m}]$ 和泛函序列 $[L_{d_1},L_{d_2},\cdots,L_{d_m}]$. 此时系数矩阵 $\boldsymbol{M}(\boldsymbol{E},Z)=(L_{d_i}(f_{d_j}))_{i,j=1}^{m}$. 由引理 3.3.1 可知 $L_{d_i}(f_{d_j})=0$, $i>j$. 因为 $[S_1,S_2,\cdots,S_m]$ 是序列 S 的正则链,知子序列 S_i 中的单项在乘积序下是不可比较的,$i=1,\cdots,m$,故当 $i=j$ 时,$L_{d_i}(f_{d_j})$ 为一非零常数. 因此系数矩阵 $\boldsymbol{M}(\boldsymbol{E},Z)$ 是一个对角元为非零常数的上三角矩阵,对任给定的结点,系数矩阵都可逆. 证毕.

例 3.3.1 给定插值问题 $(Z,\boldsymbol{E},S)$,$S=[1,y,x,y^2,xy,x^2,y^3]$,

$$Z=\{(x_1,y_1),(x_2,y_2),(x_3,y_3)\}.$$

关联矩阵

$$\boldsymbol{E}=\begin{pmatrix}\boldsymbol{E}_1\\ \boldsymbol{E}_2\\ \boldsymbol{E}_3\end{pmatrix}=\begin{pmatrix}1&0&0&0&0&0&0\\0&0&0&0&2&0&1\\0&2&0&0&0&1&0\end{pmatrix}.$$

目标是寻找一组适定的插值基. 显然,关联矩阵 $\boldsymbol{E}$ 的每一列至多含有一个非零元素,这意味着插值条件满足定理 3.3.1 中的第一个条件. 下面检验第二个条件.

(1)序列 $S_1=[1]\subset S$,$S_2=[xy,y^3]\subset S$,$S_3=[y,x^2]\subset S$;

(2)在乘积序<下,序列 S_2 中的单项 xy 和单项 y^3 不能比较大小,序列 S_3 中的单 y,x^2 同样不能比较大小;

(3)考虑置换 $\boldsymbol{\sigma}=\begin{pmatrix}1&2&3\\1&3&2\end{pmatrix}$,则得到一个新的子序列 $[S_1,S_2,S_3]$,其中 $S_1=[1]$, $S_2=[y,x^2]$,$S_3=[xy,y^3]$. 很显然,序列 S_2 和 S_3 中的单项都大于序列 S_1 中

的单项 1. 序列 S_3 中的单项 xy,y^3 不小于序列 S_2 中的任意单项.

这意味着$[S_1,S_2,S_3]$是序列 S 的正则链. 由定理 3. 3. 1,可推断$\{1,2xy+y^3,2y+x^2\}$是插值问题的一组适定插值基. 事实上,计算系数矩阵

$$\boldsymbol{M}(\boldsymbol{E},Z)=\begin{pmatrix}1 & 2y_1+x_1^2 & 2x_1y_1+y_1^3\\ 0 & 6 & 4x_2+6y_2^2\\ 0 & 0 & 10\end{pmatrix}.$$

显然系数矩阵 $\boldsymbol{M}(\boldsymbol{E},Z)$是可逆的,即$\{1,2xy+y^3,2y+x^2\}$正如由定理 3. 1. 1 推断的那样,为适定的插值基.

3.4　一致插值问题的适定插值空间

本节讨论了一类特殊的插值问题,其中每个结点上的插值条件都相同. 对给定的多元 Birkhoff 插值问题$(Z,\boldsymbol{E},S)$,若 $Z=\{z_i\}_{i=1}^m$,$\#S=l$,关联矩阵 $\boldsymbol{E}_{m\times l}$ 中的所有行向量相同,则插值问题退化为一致插值问题. 由于每个结点上的插值条件都相同,因此给出一致插值问题更简单的数学描述.

定义 3. 4. 1　给定 m 个插值节点 $Z=\{z_i\}_{i=1}^m$,每个节点上的插值条件是相同的,为一个多项式微分条件算子,记为 D,称这样的插值问题为一致插值问题,简记为(Z,D).

定义 3. 4. 2　设 $P\subset\mathbb{R}[X]$是由多项式$\{f_i\}_{i=1}^m$ 张成的向量子空间,记

$$P=Span_{\mathbb{R}}\{f_1,\cdots,f_m\},$$

D 为微分算子,若 $g_i=D(f_i)$,$i=1,\cdots,m$,则称 $\widetilde{P}=Span_{\mathbb{R}}\{g_1,\cdots,g_m\}$为 P 的一致微分子空间.

定理 3. 4. 1　给定一致插值问题(Z,D),子空间 $P=Span_{\mathbb{R}}\{f_1,\cdots,f_m\}\subset\mathbb{R}[X]$,$\widetilde{P}=Span_{\mathbb{R}}\{g_1,\cdots,g_m\}$为 P 的一致微分子空间,则 P 为适定的插值空间当

且仅当 $g_1,g_2,\cdots,g_m$ 线性无关,且插值节点 $Z=\{z_i\}_{i=1}^m$ 不同时落在空间 $\widetilde{P}$ 中的任何一个代数流形上.

证明 若 P 为适定的插值空间,当且仅当对任给的型值 $b_i,1\leqslant i\leqslant m$,存在唯一的插值多项式 $f=\sum_{i=1}^m a_i f_i$ 满足插值条件

$$Df(z_i)=b_i,1\leqslant i\leqslant m. \tag{3.4}$$

由已知条件可知

$$Df=D(\sum_{i=1}^m a_i f_i)=\sum_{i=1}^m D(a_i f_i)=\sum_{i=1}^m a_i D(f_i)=\sum_{i=1}^m a_i g_i,$$

故方程组 3.4 可以写为

$$\begin{pmatrix} g_1(z_1) & g_2(z_1) & \cdots & g_m(z_1) \\ g_1(z_2) & g_2(z_2) & \cdots & g_m(z_2) \\ \vdots & \vdots & & \vdots \\ g_1(z_m) & g_2(z_m) & \cdots & g_m(z_m) \end{pmatrix}\begin{pmatrix} a_1 \\ a_2 \\ \vdots \\ a_m \end{pmatrix}=\begin{pmatrix} b_1 \\ b_2 \\ \vdots \\ b_m \end{pmatrix}.$$

故 P 为适定的插值空间$\Leftrightarrow$对任意的型值 $b_i,1\leqslant i\leqslant m$,方程组 3.4 存在唯一解$\Leftrightarrow$系数矩阵的行列式不为 0$\Leftrightarrow$对任意不全为零的实数 $c_1,c_2,\cdots,c_m$,存在 z_i 使得 $c_1g_1(z_i)+c_2g_2(z_i)+\cdots+c_mg_m(z_i)\neq 0\Leftrightarrow g_1,g_2,\cdots,g_m$ 线性无关,且插值节点 $Z=\{z_i\}_{i=1}^m$ 不同时落在空间 $\widetilde{P}$ 中的任何一个代数流形上.

这里要求 $g_1,g_2,\cdots,g_m$ 线性无关,否则系数矩阵 $\boldsymbol{M}(Z,\boldsymbol{E})$ 行列式恒为零,对任意的插值节点 Z 都不适定,即插值格式(Z,D)是奇异的(见下例).

例 3.4.1 $Z=\{z_i=(x_i,y_i)\}_{i=1}^3,D=\frac{\partial}{\partial x}+\frac{\partial^2}{\partial y^2}$. 设

$$P=Span_{\mathbb{R}}\{x,y^2,xy\},g_1=D(x)=1,g_2=D(y^2)=2,g_3=D(xy)=y.$$

则系数矩阵 $\boldsymbol{M}(D,Z)=\begin{pmatrix} 1 & 2 & y_1 \\ 1 & 2 & y_2 \\ 1 & 2 & y_3 \end{pmatrix}$. 显然矩阵 $\boldsymbol{M}(D,Z)$ 行列式为 0,

$$P = Span_{\mathbb{R}}\{x, y^2, xy\}$$

不是适定的插值空间.

注 3.4.1　事实上,给定一致 Birkhoff 插值问题(Z,D),在子空间 $P\subset\mathbb{R}[X]$中的 Birkhoff 插值退化为在 P 的一致微分子空间 $\widetilde{P}$ 中的 Lagrange 插值,因此 $P\subset\mathbb{R}[X]$为一致 Birkhoff 插值问题(Z,D)的适定插值空间等价于 $\widetilde{P}$ 为结点 Z 的 Lagrange 插值的适定插值空间.

第4章　多元 Birkhoff 插值问题的稳定单项基

本章讨论了结点集在数值摄动情形下的多元 Birkhoff 插值问题，具体内容安排如下：4.1 节介绍了稳定单项基的提出背景及考虑结点集摄动时多元 Birkhoff 插值问题的恰当提法；4.2 节回顾了数值多项式代数中的一些基本概念和结论并给出了稳定单项基的数学描述；4.3 节提出了计算多元 Birkhoff 插值问题稳定单项基的 BSMB 算法；4.4 节给出了一个数值算例，详细演示了算法的流程；最后，4.5 节介绍了稳定单项基在曲面重建中的应用.

4.1　背景介绍

首先看一个多元 Birkhoff 插值的具体例子.

例 4.1.1　给定插值结点集 $Z=\{z_1,z_2,z_3\}=\{(1,1),(3,2),(5.01,3)\}$，单项序列 S 及其对应的微分算子序列 D 和关联矩阵 $\boldsymbol{E}$ 的对应关系如表 4.1 所示.

表 4.1　结点集 Z 上的微分插值条件表

S	1	y	x	结点
D	1	$\frac{\partial}{\partial y}$	$\frac{\partial}{\partial x}$	
$\boldsymbol{E}_1$	1	-2	0	z_1
	1	0	1	
$\boldsymbol{E}_2$	1	1	0	z_2
$\boldsymbol{E}_3$	1	1	-1.5	z_3

求分次字典序下的极小单项基,并在给定型值 $c=\{c_{11},c_{12},c_{21},c_{31}\}=\{2,1,3,5\}$ 时求在该组基张成的插值空间中满足插值条件的多项式 f.

用 3.2 节中介绍的 BMMB 算法可以算出单项基

$$T=\{1,y,x,y^2\},$$

设插值多项式 $f=a_1y^2+a_2x+a_3y+a_4$,通过求解方程组

$$L_j^i(f)=\sum_{h=1}^{l}e_{jh}^{(i)}D_hf(z_i)=c_{ij},1\leqslant i\leqslant 3,1\leqslant j\leqslant j_i \tag{4.1}$$

可得多项式

$$f=y^2-250x+122.5y+337.5.$$

插值条件不变,当结点集 Z 摄动为 $\widetilde{Z}=\{(1,1),(3,2),(5,3)\}$ 时,计算极小单项基可得

$$\widetilde{T}=\{1,y,y^2,xy\},$$

型值 $c=\{c_{11},c_{12},c_{21},c_{31}\}=\{2,1,3,5\}$ 不变,此时满足插值条件的多项式为

$$\widetilde{f}=1.5xy-y^2-0.75y-0.25.$$

从上面的例子可以看出,结点上的插值条件不变,只是其中的一个插值结点由(5.01,3)变为(5,3),使得插值问题适定的极小插值基发生了改变,进而使得插值多项式发生了巨大的变化. 也即,插值问题$(Z,\boldsymbol{E},S)$的适定单项基不一定是插值问题$(\widetilde{Z},\boldsymbol{E},S)$的适定单项基,即使结点集 $\widetilde{Z}$ 只是 Z 的一个微小摄动. 而在现实世界中,多数数据来自实验测量所得,难免带有一定误差,因此考虑结点摄动下的插值问题是有现实意义的.

事实上,在理想插值中有同样的问题. 很多研究者从混合计算的角度研究近似的理想基[91-93]. 2008 年,Abbott 等人[94]提出了计算消逝理想结构稳定的边界基的 SOI 算法. 所谓结构稳定,即$\mathbb{R}^n$ 中的点集 Z 发生微小的摄动,摄动后的点集 $\widetilde{Z}$ 的消逝理想的边界基与摄动前点集 Z 消逝理想的边界基具有相同的支

集结构,只是多项式系数有微小的不同. 2010 年,Fassino[95] 提出了 NBM 算法计算在给定点集 Z 以及 Z 的摄动点集 $\widetilde{Z}$(给定误差范围的摄动)上“几乎”消逝的多项式集. 所谓“几乎”消逝,是指对多项式集中的每个多项式 f,都存在一个在点集 Z 上消逝的多项式 g, f 与 g 有相同的支集且系数差向量在某种范数下趋于零. 通过计算近似的理想基可以间接地得到理想插值问题中对给定误差范围内摄动的结点集都适定的单项基. 本章基于 SOI 算法,提出了计算多元 Birkhoff 插值问题稳定单项基的 BSMB 算法. 下面给出本章中所讨论的多元 Birkhoff 插值问题的描述.

问题 3 给定$(Z,\boldsymbol{E},S)$,其中 $\boldsymbol{E}$ 为不含零行的关联矩阵,S 为按分次序排列的单项序列,Z 为给定的插值结点集,微分插值条件由$(\boldsymbol{E},S)$唯一确定,插值问题为**求一组适定的单项基**,使得当结点组在给定的误差范围内摄动时,这组基依然保持适定. 满足这样条件的单项基称为稳定的单项基.

4.2 稳定单项基的数学描述

因为要考虑结点集的摄动,所以有必要给出摄动误差的数学刻画,在数值多项式代数体系中,引入了实验点的定义,并提出了允许摄动的概念. 本节回顾了这些基本概念以及相关的结论,并给出了 Birkhoff 插值问题稳定单项基的数学描述.

为了刻画空间$\mathbb{R}^n$中点的距离,本章采用了 euclid 范数,即若

$$\boldsymbol{z}=(x_1,x_2,\cdots,x_n)^{\mathrm{T}}\in\mathbb{R}^n,$$

则 $\|\boldsymbol{z}\|=\sqrt{\sum\limits_{j=1}^{n}x_j^2}$. 给定 $n\times n$ 阶矩阵 $\boldsymbol{U}$,采用如下方式定义范数 $\|\cdot\|_U$:

$$\|\boldsymbol{z}\|_U:=\|\boldsymbol{U}\boldsymbol{z}\|.$$

定义 4.2.1[96] 设 $z=(x_1,x_2,\cdots,x_n)^{\mathrm{T}}$ 是$\mathbb{R}^n$中的一个点, $\boldsymbol{\varepsilon}=(\varepsilon_1,\cdots,\varepsilon_n)^{\mathrm{T}}$ 是误差向量,其中 $\varepsilon_i\in\mathbb{R}^+$. 称 $z^{\varepsilon}=(z,\boldsymbol{\varepsilon})$ 为一个**实验点**,其中 z 称为**特定点**,ε 称

为**摄动误差限**. 如果点 $\tilde{z}=(\tilde{x}_1,\cdots,\tilde{x}_n)^{\mathrm{T}}\in\mathbb{R}^n$,且 $\|\tilde{z}-z\|_U=\|U\cdot(\tilde{z}-z)\|\leqslant 1$,则称点 $\tilde{z}$ 是 z 的一个允许摄动. 此处 $\boldsymbol{U}=\mathrm{diag}\left(\frac{1}{\varepsilon_1},\cdots,\frac{1}{\varepsilon_n}\right)$ 为一对角矩阵.

注 4.2.1　事实上,一个实验点代表了一个摄动椭球,

$$N(z^{\varepsilon})=\{\tilde{z}\in\mathbb{R}^n:\|\tilde{z}-z\|_U\leqslant 1\},$$

这个集合包含了与特定点 z 的距离不超过给定误差范围的所有摄动点,这样的摄动点称为特定点 z 的允许摄动点.

一个实验点事实上是代表了在一定误差范围内摄动的点集,两个实验点也即两个摄动点集有可能存在交集,而我们关注的是不存在交集的实验点,因此下面给出了不同实验点的定义.

定义 4.2.2[96]　$z_1,z_2\in\mathbb{R}^n$,若 $N(z_1^{\varepsilon})\cap N(z_2^{\varepsilon})=\varnothing$,则称 z_1^{ε} 和 z_2^{ε} 是不同的实验点.

定义 4.2.3[96]　$Z\subset\mathbb{R}^n$,实验点集 $Z^{\varepsilon}=\{z_1^{\varepsilon},\cdots,z_m^{\varepsilon}\}$ 包含 m 个不同实验点,且每个点具有相同的摄动误差限 ε. 若对每个 $i=1,\cdots,m$,$\tilde{z}_i$ 都是 z_i 的允许摄动,则称点集 $\widetilde{Z}=\{\tilde{z}_1,\cdots,\tilde{z}_m\}\subset\mathbb{R}^n$ 是 Z 的一个**允许摄动**.

给定插值问题$(Z,\boldsymbol{E},S)$,若单项集 T 满足系数矩阵 $\boldsymbol{M}_T(Z)$ 可逆,则 T 为插值问题$(Z,\boldsymbol{E},S)$的一组适定单项基. 有了实验点集的定义,下面给出结点在一定误差范围内摄动时稳定单项基的定义.

定义 4.2.4　给定插值问题$(Z^{\varepsilon},\boldsymbol{E},S)$,$\varepsilon$ 是给定的摄动误差限,T 为一单项集合,若对点集 Z 的每个允许摄动 $\widetilde{Z}$ 都有矩阵 $\boldsymbol{M}_T(\widetilde{Z})$ 满秩,则称 T 是关于实验点集 Z^{ε} 的稳定单项基.

注 4.2.2　对于给定的插值问题,定义插值条件的泛函若线性无关,即关联矩阵中的每个子矩阵行满秩,则存在适定的单项基. 在此基础上讨论稳定的单项基才是有意义的,因此,当给定插值问题时,首先依然是判断插值泛函是否线性无关. 下面讨论在插值泛函线性无关时如何求得插值问题的一个稳定单

项基.

由于现实中测量的数据误差相对较小,我们关注的也是结点集的微小摄动,因此本章讨论的问题也都是基于一阶的误差分析,下面回顾几个有关一阶误差分析的理论.

对任意的$f\in\mathbb{R}[X]$,f在0点处的Taylor展开为

$$f=\sum_{|\alpha|\geqslant 0}\frac{D^{\alpha}f(0)}{\alpha!}X^{\alpha}.$$

其中$\alpha=(\alpha_1,\cdots,\alpha_n)\in\mathbb{N}^n$,$|\alpha|=\alpha_1+\cdots+\alpha_n$,且$\alpha!=\alpha_1!\cdots\alpha_n!$,$D^{\alpha}=D_1^{\alpha_1}\cdots D_n^{\alpha_n}$,$\left(D_i^j=\dfrac{\partial^j}{\partial x_i^j}\right)$.

将f分解成齐次部分的和,即$f=\sum_{k\geqslant 0}f_k$,其中

$$f_k=\sum_{|\alpha|=k}\frac{D^{\alpha}f(0)}{\alpha!}X^{\alpha}.$$

每个多项式f_k是f的k阶齐次部分.

同理,我们可以将矩阵$\boldsymbol{M}\in Mat_{r\times c}(\mathbb{R}[X])$按下面定义的方式分解成齐次部分的和.

定义 4.2.5[94] 令$\boldsymbol{M}=(m(i,j))\in Mat_{r\times c}(\mathbb{R}[X])$;定义$\boldsymbol{M}_k$为矩阵$\boldsymbol{M}$的$k$阶齐次部分,其中$\boldsymbol{M}_k$里的每个元素对应着矩阵$\boldsymbol{M}$中相应元素的$k$阶齐次部分.

引理 4.2.1[94] 令$r,c\in\mathbb{N}$,$r\geqslant c$;向量$\boldsymbol{v}\in Mat_{r\times 1}(\mathbb{R}[X])$且$\boldsymbol{M}\in Mat_{r\times c}(\mathbb{R}[X])$是列满秩矩阵.考虑最小二乘问题$\boldsymbol{M\alpha}=\boldsymbol{v}$,($\boldsymbol{\alpha}\in Mat_{c\times 1}(\mathbb{R}[X])$有$\boldsymbol{\alpha}=(\boldsymbol{M}^{\mathrm{T}}\boldsymbol{M})^{-1}\boldsymbol{M}^{\mathrm{T}}\boldsymbol{v}$且误差$\boldsymbol{\rho}=\boldsymbol{v}-\boldsymbol{M\alpha}$.则$\boldsymbol{\alpha}$的0阶齐次部分和1阶齐次部分分别为

$$\boldsymbol{\alpha}_0=(\boldsymbol{M}_0^{\mathrm{T}}\boldsymbol{M}_0)^{-1}\boldsymbol{M}_0^{\mathrm{T}}\boldsymbol{v}_0,$$

$$\boldsymbol{\alpha}_1=(\boldsymbol{M}_0^{\mathrm{T}}\boldsymbol{M}_0)^{-1}(\boldsymbol{M}_0^{\mathrm{T}}\boldsymbol{v}_1+\boldsymbol{M}_1^{\mathrm{T}}\boldsymbol{v}_0-\boldsymbol{M}_0^{\mathrm{T}}\boldsymbol{M}_1\boldsymbol{\alpha}_0-\boldsymbol{M}_1^{\mathrm{T}}\boldsymbol{M}_0\boldsymbol{\alpha}_0),$$

$\boldsymbol{\rho}$的0阶齐次部分和1阶齐次部分分别为

$$\boldsymbol{\rho}_0=\boldsymbol{v}_0-\boldsymbol{M}_0\boldsymbol{\alpha}_0,$$

$$\boldsymbol{\rho}_1=\boldsymbol{v}_1-\boldsymbol{M}_0\boldsymbol{\alpha}_1-\boldsymbol{M}_1\boldsymbol{\alpha}_0.$$

证明　首先证明关于可逆矩阵的零阶齐次部分和一阶齐次部分的简单结论. 设 $\boldsymbol{A}\in Mat_{c\times c}(\mathbb{R}[X])$ 是可逆的，记 $\boldsymbol{A}$ 的逆为 $\boldsymbol{B}$. 将 $\boldsymbol{A}$ 和 $\boldsymbol{B}$ 分别分解为齐次部分的和

$$\boldsymbol{A}=\boldsymbol{A}_0+\boldsymbol{A}_1+\boldsymbol{A}_{2+},\boldsymbol{B}=\boldsymbol{B}_0+\boldsymbol{B}_1+\boldsymbol{B}_{2+}.$$

其中 $\boldsymbol{A}_{2+}=\sum_{i\geqslant 2}\boldsymbol{A}_i$ 且 $\boldsymbol{B}_{2+}=\sum_{i\geqslant 2}\boldsymbol{B}_i$. 因为 $\boldsymbol{AB}=\boldsymbol{I}$，则

$$(\boldsymbol{A}_0+\boldsymbol{A}_1+\boldsymbol{A}_{2+})(\boldsymbol{B}_0+\boldsymbol{B}_1+\boldsymbol{B}_{2+})=\boldsymbol{I},$$

展开后可得 $\boldsymbol{B}$ 的零阶齐次部分和一阶齐次部分分别为

$$\boldsymbol{B}_0=\boldsymbol{A}_0^{-1},\boldsymbol{B}_1=-\boldsymbol{A}_0^{-1}\boldsymbol{A}_1\boldsymbol{A}_0^{-1}=-\boldsymbol{B}_0\boldsymbol{A}_1\boldsymbol{B}_0. \tag{4.2}$$

接下来证明引理中的结果. 由于 $\boldsymbol{M}$ 列满秩，矩阵 $\boldsymbol{A}=\boldsymbol{M}^{\mathrm{T}}\boldsymbol{M}$ 是可逆的，故

$$\boldsymbol{\alpha}=\boldsymbol{A}^{-1}\boldsymbol{M}^{\mathrm{T}}\boldsymbol{v},$$

$$\boldsymbol{\rho}=\boldsymbol{v}-\boldsymbol{M}\boldsymbol{\alpha}.$$

则 $\boldsymbol{\rho}_0+\boldsymbol{\rho}_1=(\boldsymbol{v}-\boldsymbol{M}\boldsymbol{\alpha})_0+(\boldsymbol{v}-\boldsymbol{M}\boldsymbol{\alpha})_1=(\boldsymbol{v}_0-\boldsymbol{M}_0\boldsymbol{\alpha}_0)+(\boldsymbol{v}_1-\boldsymbol{M}_0\boldsymbol{\alpha}_1-\boldsymbol{M}_1\boldsymbol{\alpha}_0)$. 因为 $\boldsymbol{A}_0=\boldsymbol{M}_0^{\mathrm{T}}\boldsymbol{M}_0$ 且 $\boldsymbol{A}_1=\boldsymbol{M}_0^{\mathrm{T}}\boldsymbol{M}_1+\boldsymbol{M}_1^{\mathrm{T}}\boldsymbol{M}_0$，由式(4.2)取 $\boldsymbol{B}$ 的前两阶齐次部分得 $\boldsymbol{B}=\boldsymbol{A}^{-1}=\boldsymbol{A}_0^{-1}-\boldsymbol{A}_0^{-1}\boldsymbol{A}_1\boldsymbol{A}_0^{-1}$.

由 $\boldsymbol{\alpha}=\boldsymbol{A}^{-1}\boldsymbol{M}^{\mathrm{T}}\boldsymbol{v}$，可推出

$\boldsymbol{\alpha}_0+\boldsymbol{\alpha}_1=\boldsymbol{B}_0(\boldsymbol{M}_0^{\mathrm{T}}\boldsymbol{v}_0+\boldsymbol{M}_0^{\mathrm{T}}\boldsymbol{v}_1+\boldsymbol{M}_1^{\mathrm{T}}\boldsymbol{v}_0)+\boldsymbol{B}_1\boldsymbol{M}_0^{\mathrm{T}}\boldsymbol{v}_0=\boldsymbol{B}_0(\boldsymbol{M}_0^{\mathrm{T}}\boldsymbol{v}_0+\boldsymbol{M}_0^{\mathrm{T}}\boldsymbol{v}_1+\boldsymbol{M}_1^{\mathrm{T}}\boldsymbol{v}_0-\boldsymbol{A}_1\boldsymbol{B}_0\boldsymbol{M}_0^{\mathrm{T}}\boldsymbol{v}_0)$，

因此有

$$\boldsymbol{\alpha}_0=(\boldsymbol{M}_0^{\mathrm{T}}\boldsymbol{M}_0)^{-1}\boldsymbol{M}_0^{\mathrm{T}}\boldsymbol{v}_0,$$

$$\boldsymbol{\alpha}_1=(\boldsymbol{M}_0^{\mathrm{T}}\boldsymbol{M}_0)^{-1}(\boldsymbol{M}_0^{\mathrm{T}}\boldsymbol{v}_1+\boldsymbol{M}_1^{\mathrm{T}}\boldsymbol{v}_0-\boldsymbol{M}_0^{\mathrm{T}}\boldsymbol{M}_1\boldsymbol{\alpha}_0-\boldsymbol{M}_1^{\mathrm{T}}\boldsymbol{M}_0\boldsymbol{\alpha}_0).$$

为了得到关于实验点集 Z^{ε} 稳定的插值单项基，我们在添加单项时选择如下策略：选取单项 t，若对结点集 Z 的任意允许摄动 $\widetilde{Z}$，$\boldsymbol{F}_{\widetilde{Z}}(t)$ 均与 $\boldsymbol{M}_T(\widetilde{Z})$ 线性无关，则将单项 t 加入单项集 T 里，不然，继续选择下一个单项. 为了刻画这种特

殊的线性无关性,引入实验点集 Z^{ε} 的参数表示.

令 $Z^{\varepsilon}=\{z_1^{\varepsilon},\cdots,z_m^{\varepsilon}\}$ 为实验点集,特定点集 $Z\subset\mathbb{R}^n$,将 Z 的允许摄动视为含有 mn 个变量的函数,变量记为:

$$\boldsymbol{\delta}=(\delta_{11},\cdots,\delta_{m1},\delta_{12},\cdots,\delta_{m2},\cdots,\delta_{1n},\cdots,\delta_{mn})^{\mathrm{T}},$$

视为列向量. 则点集 Z 的允许摄动可以表示为 $Z(\boldsymbol{\delta})=\{z_1(\boldsymbol{\delta}),\cdots,z_m(\boldsymbol{\delta})\}$,其中 $z_k(\boldsymbol{\delta})=(z_{k1}+\delta_{k1},z_{k2}+\delta_{k2},\cdots,z_{kn}+\delta_{kn})^{\mathrm{T}}$ 满足 $\|(\delta_{k1},\cdots,\delta_{kn})\|_U\leqslant 1,k=1,\cdots,m.$

引理 4.2.2[94] $Z(\boldsymbol{\delta})$ 视为一个含有 mn 个变元的函数,记变量的取值范围为 D_{ε},若 $\boldsymbol{\delta}\in D_{\varepsilon}$,则有

$$\|\boldsymbol{\delta}\|^2=\sum_{j=1}^{n}\sum_{k=1}^{m}\delta_{kj}^2\leqslant\sum_{j=1}^{n}m\varepsilon_j^2,$$

也即 $\|\boldsymbol{\delta}\|\leqslant\sqrt{m}\|\varepsilon\|$.

定义 4.2.6 令 $G=\{g_1,\cdots,g_s\}$ 是一个多项式集. 线性泛函为 $\{L_1,\cdots,L_s\}$,实验点集 Z^{ε} 的参数表示记为 $Z(\boldsymbol{\delta})$,

- $\mathbb{R}$ -线性映射 $\boldsymbol{F}_{Z(\boldsymbol{\delta})}:\mathbb{R}[X]\to Mat_{s\times 1}(\mathbb{R}[\boldsymbol{\delta}])$ 定义为

$$\boldsymbol{F}_{Z(\boldsymbol{\delta})}(g_i)=(L_1(g_i),\cdots,L_s(g_i))^{\mathrm{T}};$$

- 矩阵 $\boldsymbol{M}_G(Z(\boldsymbol{\delta}))=(m_{ij})_{s\times s}$,其中 $m_{ij}=L_i(g_j),i=1,\cdots,r;j=1,\cdots,s.$

于是有稳定单项基的等价定义:

定义 4.2.7 T 是插值问题 $(Z,\boldsymbol{E},S)$ 的单项基,若 $\forall\boldsymbol{\delta}_0\in D_{\varepsilon}$,矩阵 $\boldsymbol{M}_T(Z(\boldsymbol{\delta}_0))$ 可逆,则称 T 是关于实验点集 Z^{ε} 的**稳定单项基**.

定义 4.2.8. 设 T 为单项集合,若对任意的 $\boldsymbol{\delta}_0\in D_{\varepsilon}$,都有 $\boldsymbol{M}_{T\cup\{t\}}(Z(\boldsymbol{\delta}_0))$ 列满秩,则称 $\boldsymbol{F}_{Z(\boldsymbol{\delta})}(t)$ 与矩阵 $\boldsymbol{M}_{Z(\boldsymbol{\delta})}(T)$ 关于实验点集 Z^{ε} **数值线性无关**.

注 4.2.3 记 $\boldsymbol{\rho}(\boldsymbol{\delta})=\boldsymbol{M}_T(Z(\boldsymbol{\delta}))\boldsymbol{\alpha}(\boldsymbol{\delta})-\boldsymbol{F}_{Z(\boldsymbol{\delta})}(t)$,若对任意的 $\boldsymbol{\delta}_0\in D_{\varepsilon}$,$\boldsymbol{\rho}(\boldsymbol{\delta}_0)\neq 0$,则 $\boldsymbol{F}_{Z(\boldsymbol{\delta})}(t)$ 与矩阵 $\boldsymbol{M}_{Z(\boldsymbol{\delta})}(T)$ 关于实验点集 Z^{ε} 数值线性无关. 我们的主要任务就是判断列向量 $\boldsymbol{F}_{Z(\boldsymbol{\delta})}(t)$ 是否与矩阵 $\boldsymbol{M}_{Z(\boldsymbol{\delta})}(T)$ 关于实验点集 Z^{ε} 数值线性无关,如果是,则将 t 添加到 T 中. 由于实际应用中的数据误差相对较小,因此算法主要依赖于对一阶误差项的检测,同时需要选择一个与高阶误差项相关

的实参数 λ.

4.3　计算稳定单项基的 BSMB 算法

给定单项序 $<$,计算稳定单项基的 BSMB 算法如下.

BSMB 算法:

输入:$Z^{\varepsilon}=\{z_1^{\varepsilon},\cdots,z_m^{\varepsilon}\}$,含有 m 个不同实验点的插值结点集,其特定点集合 $Z\subset\mathbb{R}^n$,摄动误差限 $\varepsilon=(\varepsilon_1,\cdots,\varepsilon_n)$,实参数 $\lambda\geqslant 0$;

关联矩阵 $\boldsymbol{E}=\begin{pmatrix}\boldsymbol{E}_1\\ \boldsymbol{E}_2\\ \vdots\\ \boldsymbol{E}_m\end{pmatrix}$, $\sum\limits_{i=1}^{m}|\boldsymbol{E}_i|=s$, S:按分次字典序排列的单项序列;

误差变量 $\boldsymbol{\delta}=(\delta_{11},\cdots,\delta_{mn})$,满足 $\|(\delta_{k1},\cdots,\delta_{kn})\|_U\leqslant 1, k=1,\cdots,m$,

$U=\mathrm{diag}\left(\dfrac{1}{\varepsilon_1},\cdots,\dfrac{1}{\varepsilon_n}\right)$;

$\boldsymbol{\Phi}$:按序 $<$ 排列的单项序列,它包含了所有整除 $x_1^d\cdots x_n^d$ 单项,其中 $d=m\cdot\sum\limits_{i=1}^{n}d_i$, d_i 是关于变量 x_i 的最大求导阶.

输出:单项集 T,满足对任意的 $\boldsymbol{\delta}\in D_{\varepsilon}$, $\boldsymbol{M}_T(Z(\boldsymbol{\delta}))$列满秩.

STEP1　计算 $\mathrm{rank}(\boldsymbol{E}_i), i=1,\cdots,m$,若 $\sum\limits_{i=1}^{m}\mathrm{rank}(\boldsymbol{E}_i)=s$,转入 STEP2. 否则则输出 $T=\varnothing$ 并终止计算.

STEP2　令 $t=\min_{<}(\boldsymbol{\Phi})$并且从 $\boldsymbol{\Phi}$ 中删除 t. 若 $\boldsymbol{F}_{Z(\boldsymbol{\delta})}(t)\neq(0,\cdots,0)^{\mathrm{T}}$,则 $T=\{t\}$,并计算 $\boldsymbol{F}_{Z(\boldsymbol{\delta})}(t)$的 0 阶齐次部分和 1 阶齐次部分,分别记为 $\boldsymbol{M}_0\in Mat_{s\times1}$ 和 $\boldsymbol{M}_1\in Mat_{s\times1}$. 否则,重复 STEP2.

STEP3　若 $\boldsymbol{\Phi}=\varnothing$,则输出 T 并停止计算. 否则令 $t=\min_{<}(\boldsymbol{\Phi})$并从 $\boldsymbol{\Phi}$ 中删除 t.

STEP4 令 $\boldsymbol{v}_0$ 和 $\boldsymbol{v}_1$ 是向量 $\boldsymbol{v}=\boldsymbol{F}_{Z(\boldsymbol{\delta})}(t)$ 的 0 阶齐次部分和 1 阶齐次部分. 计算

$$\boldsymbol{\rho}_0=\boldsymbol{v}_0-\boldsymbol{M}_0\boldsymbol{\alpha}_0,$$

$$\boldsymbol{\rho}_1=\boldsymbol{v}_1-\boldsymbol{M}_0\boldsymbol{\alpha}_1-\boldsymbol{M}_1\boldsymbol{\alpha}_0,$$

其中

$$\boldsymbol{\alpha}_0=(\boldsymbol{M}_0^{\mathrm{T}}\boldsymbol{M}_0)^{-1}\boldsymbol{M}_0^{\mathrm{T}}\boldsymbol{v}_0,$$

$$\boldsymbol{\alpha}_1=(\boldsymbol{M}_0^{\mathrm{T}}\boldsymbol{M}_0)^{-1}(\boldsymbol{M}_0^{\mathrm{T}}\boldsymbol{v}_1+\boldsymbol{M}_1^{\mathrm{T}}\boldsymbol{v}_0-\boldsymbol{M}_0^{\mathrm{T}}\boldsymbol{M}_1\boldsymbol{\alpha}_0-\boldsymbol{M}_1^{\mathrm{T}}\boldsymbol{M}_0\boldsymbol{\alpha}_0).$$

STEP5 令 $\boldsymbol{C}_t\in Mat_{s\times mn}(\mathbb{R})$ 满足 $\boldsymbol{\rho}_1=\boldsymbol{C}_t\boldsymbol{\delta}$. 选取最大的正整数 k,使得 $\boldsymbol{C}_t$ 的前 k 行所形成的矩阵 $\widehat{\boldsymbol{C}_t}$ 的最小奇异值 $\widehat{\sigma_k}$ 大于 $\|\varepsilon\|$. 记 $\widehat{\boldsymbol{\rho}_0}$ 为 $\boldsymbol{\rho}_0$ 的前 k 个分量所形成的向量.

STEP6 $\widehat{\boldsymbol{C}_t}^{+}$ 是矩阵 $\widehat{\boldsymbol{C}_t}$ 的伪逆. 计算 $\widehat{\boldsymbol{C}_t}\hat{\boldsymbol{\delta}}=-\widehat{\boldsymbol{\rho}_0}$ 的最小二范数解 $\hat{\boldsymbol{\delta}}=-\widehat{\boldsymbol{C}_t}^{+}\widehat{\boldsymbol{\rho}_0}$.

STEP7 若 $\|\hat{\boldsymbol{\delta}}\|>(1+\lambda)\sqrt{m}\|\varepsilon\|$,则将单项 t 添加到集合 T 中,相应地,将向量 $\boldsymbol{v}_0$ 作为新的一列添加到矩阵 $\boldsymbol{M}_0$ 中,将 $\boldsymbol{v}_1$ 作为新的一列添加到矩阵 $\boldsymbol{M}_1$ 中. 若 $\#T=s$, 则输出单项集 T 并停止计算. 否则转入 STEP3.

定理 4.3.1 算法有限步后终止并且输出单项集 T. 如果 $\sup_{\delta\in D_\varepsilon}\|\boldsymbol{\rho}_{2+}(\boldsymbol{\delta})\|\leqslant\lambda\sqrt{m}\|\varepsilon\|^2$ 且 $\#T=s$,则 T 为关于实验验点集 Z^ε 稳定的插值单项基.

证明 算法每迭代一次,单项序列 $\boldsymbol{\Phi}$ 中的单项就减少一个,由于 $\boldsymbol{\Phi}$ 是有限序列,算法必定会在有限步内终止. 下面证明算法的正确性. 首先证明对任意的 $\boldsymbol{\delta}\in D_\varepsilon$,矩阵 $\boldsymbol{M}_T(\widetilde{Z}(\boldsymbol{\delta}))$ 列满秩. 执行 STEP2 后,显然有 $\boldsymbol{M}_T(Z(\boldsymbol{\delta}))$ 列满秩. 假设迭代若干次后有 $\boldsymbol{M}_T(Z(\boldsymbol{\delta}))$ 列满秩,在新一步迭代中,若单项 t 没有添加到集合 T 中,由于 T 没有发生变化,结论显然成立. 若 t 被添加到集合 T 中,只需证明对任意的 $\boldsymbol{\delta}\in D_\varepsilon$, $\boldsymbol{\rho}(\boldsymbol{\delta})\neq0$. 记 $\hat{\boldsymbol{\rho}}(\boldsymbol{\delta})$ 是由 $\boldsymbol{\rho}(\boldsymbol{\delta})$ 的前 k 个元素形成的列向量,则 $\hat{\boldsymbol{\rho}}(\boldsymbol{\delta})\neq0$ 意味着 $\boldsymbol{\rho}(\boldsymbol{\delta})\neq0$. 因此我们只需证明对任意的 $\boldsymbol{\delta}\in D_\varepsilon$, $\hat{\boldsymbol{\rho}}(\boldsymbol{\delta})\neq0$. 采用反证法,如果存在某个 $\widetilde{\boldsymbol{\delta}}\in D_\varepsilon$ 满足

$$\hat{\boldsymbol{\rho}}(\widetilde{\boldsymbol{\delta}})=\widehat{\boldsymbol{\rho}_0}+\widehat{\boldsymbol{C}_t}\widetilde{\boldsymbol{\delta}}+\hat{\boldsymbol{\rho}}_{2+}(\widetilde{\boldsymbol{\delta}})=0,$$

令 $\boldsymbol{\xi}=\widehat{\boldsymbol{C}_t^{+}}\hat{\boldsymbol{\rho}}_{2+}(\widetilde{\boldsymbol{\delta}})$ 是线性方程组 $\widehat{\boldsymbol{C}_t}\boldsymbol{\xi}=\hat{\boldsymbol{\rho}}_{2+}(\widetilde{\boldsymbol{\delta}})$ 的极小二范数解，则有 $\widehat{\boldsymbol{C}_t}(\widetilde{\boldsymbol{\delta}}+\boldsymbol{\xi})=-\widehat{\boldsymbol{\rho}_0}$. 因为 $\widetilde{\boldsymbol{\delta}}\in D_{\varepsilon}$，可推出 $\|\widetilde{\boldsymbol{\delta}}\|\leqslant\sqrt{m}\|\varepsilon\|$. 又因为 $\hat{\boldsymbol{\delta}}$ 是 $\widehat{\boldsymbol{C}_t}\hat{\boldsymbol{\delta}}=-\widehat{\boldsymbol{\rho}_0}$ 的极小二范数解，有 $\|\hat{\boldsymbol{\delta}}\|\leqslant\|\widetilde{\boldsymbol{\delta}}+\boldsymbol{\xi}\|$. 因此得到

$$\|\hat{\boldsymbol{\delta}}\|\leqslant\|\widetilde{\boldsymbol{\delta}}+\boldsymbol{\xi}\|\leqslant\sqrt{m}\|\varepsilon\|+\|\widehat{\boldsymbol{C}_t}^{+}\|\ \|\hat{\boldsymbol{\rho}}_{2+}(\widetilde{\boldsymbol{\delta}})\|=\sqrt{m}\|\varepsilon\|+\frac{\|\hat{\boldsymbol{\rho}}_{2+}(\widetilde{\boldsymbol{\delta}})\|}{\widehat{\boldsymbol{\sigma}_k}}\leqslant(1+\lambda)\sqrt{m}\|\varepsilon\|.$$

这与 STEP7 中的条件矛盾，故对任意的 $\boldsymbol{\delta}\in D_{\varepsilon}$，$\boldsymbol{\rho}(\boldsymbol{\delta})\neq0$ 成立.

最后，若$\#T=s$，则对任意的 $\boldsymbol{\delta}\in D_{\varepsilon}$，矩阵 $\boldsymbol{M}_T(Z(\boldsymbol{\delta}))$ 可逆，T 是稳定的插值单项基.

注 4.3.1　算法的实现需要选择一个实参数 λ，由于只考虑插值结点集的微小摄动，所以大多数情况下对任意的 $\boldsymbol{\delta}\in D_{\varepsilon}$，$\boldsymbol{\rho}_0+\boldsymbol{\rho}_1(\boldsymbol{\delta})$ 是 $\boldsymbol{\rho}(\boldsymbol{\delta})$ 的一个比较好的近似，因此 $\sup_{\boldsymbol{\delta}\in D_{\varepsilon}}\|\boldsymbol{\rho}_{2+}(\boldsymbol{\delta})\|$ 是足够小的，即使选择 $\lambda\ll1$ 也可以使条件满足，从而可以得到单项集 T 满足对任意的 $\boldsymbol{\delta}\in D_{\varepsilon}$，矩阵 $\boldsymbol{M}_T(Z(\boldsymbol{\delta}))$ 列满秩.

4.4　数值算例

下面用 BSMB 算法求解例 4.1.1 中插值问题的一组稳定单项基.

例 4.4.1　$Z=\{z_1,z_2,z_3\}=\{(x_1,y_1),(x_2,y_2),(x_3,y_3)\}=\{(1,1),(3,2),(5.01,3)\}$ 为给定的插值结点集，单项序列 S 及其对应的微分算子序列 D 和关联矩阵 $\boldsymbol{E}$ 的对应关系如表 4.2 所示：

表 4.2 结点集 Z 上的微分插值条件表

<table>
<tr><td>S</td><td>1</td><td>y</td><td>x</td><td rowspan="2">结点</td></tr>
<tr><td>D</td><td>1</td><td>$\frac{\partial}{\partial y}$</td><td>$\frac{\partial}{\partial x}$</td></tr>
<tr><td rowspan="2">$\boldsymbol{E}_1$</td><td>1</td><td>−2</td><td>0</td><td rowspan="2">z_1</td></tr>
<tr><td>1</td><td>0</td><td>1</td></tr>
<tr><td>$\boldsymbol{E}_2$</td><td>1</td><td>1</td><td>0</td><td>z_2</td></tr>
<tr><td>$\boldsymbol{E}_3$</td><td>1</td><td>1</td><td>−1.5</td><td>z_3</td></tr>
</table>

给定误差 $\varepsilon=(0.02,0.02)$, $\|\varepsilon\|=0.0283$. 考虑实验点集

$$Z^{\varepsilon}=\{z_1^{\varepsilon},z_2^{\varepsilon},z_3^{\varepsilon}\},$$

$\boldsymbol{\delta}=(\delta_1,\delta_2,\delta_3,\delta_4,\delta_5,\delta_6)^{\mathrm{T}}$ 为点集 Z^{ε} 的误差变量,则实验点的参数表示为

$$z_1^{\varepsilon}=z_1(\boldsymbol{\delta})=(x_1+\delta_1,y_1+\delta_2)=(1+\delta_1,1+\delta_2),$$

$$z_2^{\varepsilon}=z_2(\boldsymbol{\delta})=(x_2+\delta_3,y_2+\delta_4)=(3+\delta_3,2+\delta_4),$$

$$z_3^{\varepsilon}=z_3(\boldsymbol{\delta})=(x_3+\delta_5,y_3+\delta_6)=(5.01+\delta_5,3+\delta_6).$$

其中 δ_i 满足 $\|(\delta_1,\delta_2)\|\leqslant 0.02$, $\|(\delta_3,\delta_4)\|\leqslant 0.02$, $\|(\delta_5,\delta_6)\|\leqslant 0.02$.

选取 $\lambda=0.01$. 给定分次字典序 $\prec_{\mathrm{grlex}}$,确定单项序列 $\boldsymbol{\Phi}$,

$$d=m\cdot\sum_{i=1}^{2}d_i=3\times(1+1)=6,$$

故 $\boldsymbol{\Phi}$ 中包含了所有整除 x^6y^6 的单项,即 $\boldsymbol{\Phi}=[1,y,x,y^2,\cdots,x^6y^6]$.

$\forall f\in\mathbb{R}[x,y]$,插值条件泛函为:

$$L_1(f)=f(z_1(\boldsymbol{\delta}))-2\frac{\partial}{\partial y}f(z_1(\boldsymbol{\delta})),$$

$$L_2(f)=f(z_1(\boldsymbol{\delta}))+\frac{\partial}{\partial x}f(z_1(\boldsymbol{\delta})),$$

$$L_3(f)=f(z_2(\boldsymbol{\delta}))+\frac{\partial}{\partial y}f(z_2(\boldsymbol{\delta})),$$

$$L_4(f)=f(z_3(\boldsymbol{\delta}))+\frac{\partial}{\partial y}f(z_3(\boldsymbol{\delta}))-1.5\frac{\partial}{\partial x}f(z_3(\boldsymbol{\delta})).$$

下面按照 BSMB 算法的流程逐步添加单项.

(1) 执行 STEP1. $\sum_{i=1}^{3}\operatorname{rank}(\boldsymbol{E}_i)=4=\sum_{i=1}^{3}|\boldsymbol{E}_i|$,转入 STEP2;

(2)执行 STEP2. 选取 $t=1$,将 1 从单项序列 $\boldsymbol{\Phi}$ 中删除,$\boldsymbol{\Phi}=[y,x,y^2,xy,\cdots,x^6y^6]$. 计算

$$\boldsymbol{F}_{Z(\boldsymbol{\delta})}(1)=(L_1(1),L_2(1),L_3(1),L_4(1))^{\mathrm{T}}=(1,1,1,1)^{\mathrm{T}}\neq(0,0,0,0)^{\mathrm{T}},$$

故 $T=\{1\}$;记 $\boldsymbol{F}_{Z(\boldsymbol{\delta})}(1)$ 的零阶齐次部分和一阶齐次部分分别为 $\boldsymbol{M}_0=\begin{pmatrix}1\\1\\1\\1\end{pmatrix}$,

$\boldsymbol{M}_1=\begin{pmatrix}0\\0\\0\\0\end{pmatrix}$.

(3)执行 STEP3. 令 $t=y$,且将 y 从序列 $\boldsymbol{\Phi}$ 中删除,则 $\boldsymbol{\Phi}=[x,y^2,xy,x^2,\cdots,x^6y^6]$;

(4)执行 STEP4. 记

$$\boldsymbol{v}=\boldsymbol{F}_{Z(\boldsymbol{\delta})}(y)=(L_1(y),L_2(y),L_3(y),L_4(y))^{\mathrm{T}}=(\delta_2-1,\delta_2+1,\delta_4+3,\delta_6+4)^{\mathrm{T}}.$$

$\boldsymbol{v}$ 的零阶齐次部分和一阶齐次部分分别为 $\boldsymbol{v}_0=(-1,1,3,4)^{\mathrm{T}}$,$\boldsymbol{v}_1=(\delta_2,\delta_2,\delta_4,\delta_6)^{\mathrm{T}}$. 计算 $\boldsymbol{\alpha}_0,\boldsymbol{\alpha}_1,\boldsymbol{\rho}_0,\boldsymbol{\rho}_1$,有

$$\boldsymbol{\alpha}_0=(\boldsymbol{M}_0^{\mathrm{T}}\boldsymbol{M}_0)^{-1}\boldsymbol{M}_0^{\mathrm{T}}\boldsymbol{v}_0=1.75,$$

$$\boldsymbol{\alpha}_1=(\boldsymbol{M}_0^{\mathrm{T}}\boldsymbol{M}_0)^{-1}(\boldsymbol{M}_0^{\mathrm{T}}\boldsymbol{v}_1+\boldsymbol{M}_1^{\mathrm{T}}\boldsymbol{v}_0-\boldsymbol{M}_0^{\mathrm{T}}\boldsymbol{M}_1\boldsymbol{\alpha}_0-\boldsymbol{M}_1^{\mathrm{T}}\boldsymbol{M}_0\boldsymbol{\alpha}_0)=0.5\delta_2+0.25\delta_4+0.25\delta_6.$$

$$\boldsymbol{\rho}_0=\boldsymbol{v}_0-\boldsymbol{M}_0\boldsymbol{\alpha}_0=\begin{pmatrix}-2.75\\-0.75\\1.25\\2.25\end{pmatrix},$$

$$\boldsymbol{\rho}_1=\boldsymbol{v}_1-\boldsymbol{M}_0\boldsymbol{\alpha}_1-\boldsymbol{M}_1\boldsymbol{\alpha}_0=\begin{pmatrix}0.5\delta_2-0.25\delta_4-0.25\delta_6\\0.5\delta_2-0.25\delta_4-0.25\delta_6\\-0.5\delta_2+0.75\delta_4-0.25\delta_6\\-0.5\delta_2-0.25\delta_4+0.75\delta_6\end{pmatrix}.$$

(5)执行 STEP5. 将 $\boldsymbol{\rho}_1$ 写成 $\boldsymbol{\rho}_1=\begin{pmatrix}0&0.5&0&-0.25&0&-0.25\\0&0.5&0&-0.25&0&-0.25\\0&-0.5&0&0.75&0&-0.25\\0&-0.5&0&-0.25&0&0.75\end{pmatrix}\begin{pmatrix}\delta_1\\\delta_2\\\delta_3\\\delta_4\\\delta_5\\\delta_6\end{pmatrix}$,

记

$$\boldsymbol{C}_t=\begin{pmatrix}0&0.5&0&-0.25&0&-0.25\\0&0.5&0&-0.25&0&-0.25\\0&-0.5&0&0.75&0&-0.25\\0&-0.5&0&-0.25&0&0.75\end{pmatrix}.$$

$\boldsymbol{C}_t$ 的最小奇异值 $\widehat{\sigma}_4=1>\|\varepsilon\|=0.0283$,故取 $k=4$, $\widehat{\boldsymbol{C}}_t=\boldsymbol{C}_t$,$\widehat{\boldsymbol{\rho}_0}=\boldsymbol{\rho}_0=\begin{pmatrix}-2.75\\-0.75\\1.25\\2.25\end{pmatrix}$.

(6)执行 STEP6. 解线性方程组$\widehat{\boldsymbol{C}}_t\hat{\boldsymbol{\delta}}=-\widehat{\boldsymbol{\rho}_0}$ 可得

$$\hat{\boldsymbol{\delta}}=-\widehat{\boldsymbol{C}}_t^{+}\widehat{\boldsymbol{\rho}_0}=\begin{pmatrix}0\\2.3333\\0\\-0.6667\\0\\-1.6667\end{pmatrix}.$$

(7)执行 STEP7. $(1+\lambda)\sqrt{m}\,\|\boldsymbol{\varepsilon}\|=0.0495$，$\|\hat{\boldsymbol{\delta}}\|=2.9439>0.0495$，故将单项 y 放入 T 中，即 $T=\{1,y\}$. 将 $\boldsymbol{v}_0,\boldsymbol{v}_1$ 分别添加到 $\boldsymbol{M}_0,\boldsymbol{M}_1$ 中，

$$\boldsymbol{M}_0=\begin{pmatrix}1&-1\\1&1\\1&3\\1&4\end{pmatrix},\boldsymbol{M}_1=\begin{pmatrix}0&\delta_2\\0&\delta_2\\0&\delta_4\\0&\delta_6\end{pmatrix}.$$

因为#$T=2<4$，算法继续，转入 STEP3.

(8)执行 STEP3，选 $t=x$，将 x 从单项序列 $\boldsymbol{\Phi}$ 中删除，$\boldsymbol{\Phi}=[y^2,xy,x^2,\cdots,x^6y^6]$.

(9)执行 STEP4，记

$$\boldsymbol{v}=\boldsymbol{F}_{Z(\boldsymbol{\delta})}(x)=(L_1(x),L_2(x),L_3(x),L_4(x))^{\mathrm{T}}=(\delta_1+1,\delta_1+2,\delta_3+3,\delta_5+3.51)^{\mathrm{T}}.$$

$\boldsymbol{v}$ 的零阶齐次部分和一阶齐次部分分别为

$$\boldsymbol{v}_0=(1,2,3,3.51)^{\mathrm{T}},\boldsymbol{v}_1=(\delta_1,\delta_1,\delta_3,\delta_5)^{\mathrm{T}}.$$

计算 $\boldsymbol{\alpha}_0,\boldsymbol{\alpha}_1,\boldsymbol{\rho}_0,\boldsymbol{\rho}_1$，有

$$\boldsymbol{\alpha}_0=(\boldsymbol{M}_0^{\mathrm{T}}\boldsymbol{M}_0)^{-1}\boldsymbol{M}_0^{\mathrm{T}}\boldsymbol{v}_0=\begin{pmatrix}1.4998\\0.5015\end{pmatrix},$$

$$\boldsymbol{\alpha}_1=(\boldsymbol{M}_0^{\mathrm{T}}\boldsymbol{M}_0)^{-1}(\boldsymbol{M}_0^{\mathrm{T}}\boldsymbol{v}_1+\boldsymbol{M}_1^{\mathrm{T}}\boldsymbol{v}_0-\boldsymbol{M}_0^{\mathrm{T}}\boldsymbol{M}_1\boldsymbol{\alpha}_0-\boldsymbol{M}_1^{\mathrm{T}}\boldsymbol{M}_0\boldsymbol{\alpha}_0)$$

$$=\begin{pmatrix}0.9153 & -0.459 & 0.1017 & -0.051 & -0.0169 & 0.008\\ -0.2373 & 0.119 & 0.0847 & -0.0425 & 0.1525 & -0.0762\end{pmatrix}\begin{pmatrix}\delta_1\\ \delta_2\\ \delta_3\\ \delta_4\\ \delta_5\\ \delta_6\end{pmatrix}.$$

$$\boldsymbol{\rho}_0=\boldsymbol{v}_0-\boldsymbol{M}_0\boldsymbol{\alpha}_0=\begin{pmatrix}0.0017\\ -0.0013\\ -0.0043\\ 0.0042\end{pmatrix},$$

$$\boldsymbol{\rho}_1=\boldsymbol{v}_1-\boldsymbol{M}_0\boldsymbol{\alpha}_1-\boldsymbol{M}_1\boldsymbol{\alpha}_0$$

$$=\begin{pmatrix}-0.1525\delta_1+0.0766\delta_2-0.0169\delta_3+0.0084\delta_4+0.1695\delta_5-0.0842\delta_6\\ 0.322\delta_1-0.1615\delta_2-0.1864\delta_3+0.0935\delta_4-0.1356\delta_5+0.0682\delta_6\\ -0.2034\delta_1+0.102\delta_2+0.6441\delta_3-0.323\delta_4-0.4407\delta_5+0.2206\delta_6\\ 0.0339\delta_1-0.0171\delta_2-0.4407\delta_3+0.2211\delta_4+0.4068\delta_5-0.2046\delta_6\end{pmatrix}.$$

（10）执行 STEP5，将 $\boldsymbol{\rho}_1$ 写成

$$\boldsymbol{\rho}_1=\begin{pmatrix}-0.1525 & 0.0766 & -0.0169 & 0.0084 & 0.1695 & -0.0842\\ 0.322 & -0.1615 & -0.1864 & 0.0935 & -0.1356 & 0.0682\\ -0.2034 & 0.102 & 0.6441 & -0.323 & -0.4407 & 0.2206\\ 0.0339 & -0.0171 & -0.4407 & 0.2211 & 0.4068 & -0.2046\end{pmatrix}\begin{pmatrix}\delta_1\\ \delta_2\\ \delta_3\\ \delta_4\\ \delta_5\\ \delta_6\end{pmatrix},$$

记

$$\boldsymbol{C}_t=\begin{pmatrix}-0.1525 & 0.0766 & -0.0169 & 0.0084 & 0.1695 & -0.0842\\ 0.322 & -0.1615 & -0.1864 & 0.0935 & -0.1356 & 0.0682\\ -0.2034 & 0.102 & 0.6441 & -0.323 & -0.4407 & 0.2206\\ 0.0339 & -0.0171 & -0.4407 & 0.2211 & 0.4068 & -0.2046\end{pmatrix}.$$

计算 $\boldsymbol{C}_t$ 的最小奇异值，$\widehat{\boldsymbol{\delta}_4}=0.001<\|\varepsilon\|=0.0283$；

计算 $\boldsymbol{C}_t$ 的前三行构成的矩阵的最小奇异值，$\widehat{\sigma_3}=0.0007<\|\varepsilon\|=0.0283$；

计算 $\boldsymbol{C}_t$ 的前两行构成的矩阵的最小奇异值，$\widehat{\sigma_2}=0.1499>\|\varepsilon\|=0.0283$. 故取 $k=2$，

$$\widehat{\boldsymbol{C}}_t=\begin{pmatrix}-0.1525 & 0.0766 & -0.0169 & 0.0084 & 0.1695 & -0.0842\\ 0.322 & -0.1615 & -0.1864 & 0.0935 & -0.1356 & 0.0682\end{pmatrix},$$

$$\widehat{\boldsymbol{\rho}_0}=\boldsymbol{\rho}_0=\begin{pmatrix}0.0017\\ -0.0013\end{pmatrix}.$$

(11)执行 STEP6，解线性方程组 $\widehat{\boldsymbol{C}}_t\hat{\boldsymbol{\delta}}=-\widehat{\boldsymbol{\rho}_0}$ 可得

$$\hat{\boldsymbol{\delta}}=-\widehat{\boldsymbol{C}}_t^{+}\widehat{\boldsymbol{\rho}_0}=\begin{pmatrix}0.0026\\ -0.0013\\ 0.0028\\ -0.0014\\ -0.0054\\ 0.0027\end{pmatrix}.$$

(12)执行 STEP7，$\|\hat{\boldsymbol{\delta}}\|=0.0074<0.0495=(1+\lambda)\sqrt{m}\|\varepsilon\|$，故单项 x 不放入 T 中，即 $T=\{1,y\}$，

$$\boldsymbol{M}_0=\begin{pmatrix}1 & -1\\ 1 & 1\\ 1 & 3\\ 1 & 4\end{pmatrix},\boldsymbol{M}_1=\begin{pmatrix}0 & \delta_2\\ 0 & \delta_2\\ 0 & \delta_4\\ 0 & \delta_6\end{pmatrix}.$$

因为 $\#T=2<4$，故算法继续，转入 STEP3.

(13) 执行 STEP3，选 $t=y^2$，将 y^2 从单项序列 $\boldsymbol{\Phi}$ 中删除，

$$\boldsymbol{\Phi}=[xy, x^2, y^3, \cdots, x^6y^6].$$

(14) 执行 STEP4，记

$$\begin{aligned}\boldsymbol{v} &= \boldsymbol{F}_{Z(\boldsymbol{\delta})}(y^2)=(L_1(y^2), L_2(y^2), L_3(y^2), L_4(y^2))^{\mathrm{T}}\\ &=(\delta_2^2-2\delta_2-3, \delta_2^2+2\delta_2+1, \delta_4^2+6\delta_4+8, \delta_6^2+8\delta_6+15)^{\mathrm{T}}.\end{aligned}$$

$\boldsymbol{v}$ 的零阶齐次部分和一阶齐次部分分别为

$$\boldsymbol{v}_0=(-3, 1, 8, 15)^{\mathrm{T}}, \boldsymbol{v}_1=(-2\delta_2, 2\delta_2, 6\delta_4, 8\delta_6)^{\mathrm{T}}.$$

计算 $\boldsymbol{\alpha}_0, \boldsymbol{\alpha}_1, \boldsymbol{\rho}_0, \boldsymbol{\rho}_1$，有

$$\boldsymbol{\alpha}_0=(\boldsymbol{M}_0^{\mathrm{T}}\boldsymbol{M}_0)^{-1}\boldsymbol{M}_0^{\mathrm{T}}\boldsymbol{v}_0=\begin{pmatrix}-0.8305\\ 3.4746\end{pmatrix},$$

$$\begin{aligned}\boldsymbol{\alpha}_1 &=(\boldsymbol{M}_0^{\mathrm{T}}\boldsymbol{M}_0)^{-1}(\boldsymbol{M}_0^{\mathrm{T}}\boldsymbol{v}_1+\boldsymbol{M}_1^{\mathrm{T}}\boldsymbol{v}_0-\boldsymbol{M}_0^{\mathrm{T}}\boldsymbol{M}_1\boldsymbol{\alpha}_0-\boldsymbol{M}_1^{\mathrm{T}}\boldsymbol{M}_0\boldsymbol{\alpha}_0)\\ &=\begin{pmatrix}0 & -3.6145 & 0 & -2.0276 & 0 & -3.6039\\ 0 & 1.0727 & 0 & 1.5194 & 0 & 2.7058\end{pmatrix}\begin{pmatrix}\delta_1\\ \delta_2\\ \delta_3\\ \delta_4\\ \delta_5\\ \delta_6\end{pmatrix}.\end{aligned}$$

$$\boldsymbol{\rho}_0=\boldsymbol{v}_0-\boldsymbol{M}_0\boldsymbol{\alpha}_0=\begin{pmatrix}1.3051\\ 1.6441\\ -1.5932\\ 1.9322\end{pmatrix},$$

$$\boldsymbol{\rho}_1=\boldsymbol{v}_1-\boldsymbol{M}_0\boldsymbol{\alpha}_1-\boldsymbol{M}_1\boldsymbol{\alpha}_0=\begin{pmatrix}-0.7874\delta_2+3.547\delta_4+6.3097\delta_6\\ 1.0672\delta_2+0.5082\delta_4+0.898\delta_6\\ 0.3964\delta_2-0.0052\delta_4-4.5136\delta_6\\ -0.6762\delta_2-4.05\delta_4-2.6941\delta_6\end{pmatrix}.$$

(15) 执行 STEP5，将 $\boldsymbol{\rho}_1$ 写成

$$\boldsymbol{\rho}_1=\begin{pmatrix}0 & -0.7874 & 0 & 3.547 & 0 & 6.3097\\ 0 & 1.0672 & 0 & 0.5082 & 0 & 0.898\\ 0 & 0.3964 & 0 & -0.0052 & 0 & -4.5136\\ 0 & -0.6762 & 0 & -4.05 & 0 & -2.6941\end{pmatrix}\begin{pmatrix}\delta_1\\ \delta_2\\ \delta_3\\ \delta_4\\ \delta_5\\ \delta_6\end{pmatrix},$$

记

$$\boldsymbol{C}_t=\begin{pmatrix}0 & -0.7874 & 0 & 3.547 & 0 & 6.3097\\ 0 & 1.0672 & 0 & 0.5082 & 0 & 0.898\\ 0 & 0.3964 & 0 & -0.0052 & 0 & -4.5136\\ 0 & -0.6762 & 0 & -4.05 & 0 & -2.6941\end{pmatrix}.$$

计算 $\boldsymbol{C}_t$ 的最小奇异值 $\widehat{\sigma}_4=1.2436>0.0283=\|\varepsilon\|$，故取 $k=4$，$\widehat{\boldsymbol{C}}_t=\boldsymbol{C}_t$，$\widehat{\boldsymbol{\rho}_0}=\boldsymbol{\rho}_0$.

(16) 执行 STEP6，解线性方程组 $\widehat{\boldsymbol{C}}_t\hat{\boldsymbol{\delta}}=-\widehat{\boldsymbol{\rho}_0}$ 可得

$$\hat{\boldsymbol{\delta}}=-\widehat{\boldsymbol{C}}_t^{+}\widehat{\boldsymbol{\rho}_0}=\begin{pmatrix}0\\ 1.5506\\ 0\\ 0.3627\\ 0\\ -0.2172\end{pmatrix}.$$

(17) 执行 STEP7，$\|\hat{\boldsymbol{\delta}}\|=1.6072>0.0495=(1+\lambda)\sqrt{m}\,\|\varepsilon\|$，将单项 y^2 放入 T 中，即 $T=\{1,y,y^2\}$，将 $\boldsymbol{v}_0$，$\boldsymbol{v}_1$ 分别添加到 $\boldsymbol{M}_0$，$\boldsymbol{M}_1$ 中，

$$M_0=\begin{pmatrix}1 & -1 & -3\\ 1 & 1 & 1\\ 1 & 3 & 8\\ 1 & 4 & 15\end{pmatrix},M_1=\begin{pmatrix}0 & \delta_2 & -2\delta_2\\ 0 & \delta_2 & 2\delta_2\\ 0 & \delta_4 & 6\delta_4\\ 0 & \delta_6 & 8\delta_6\end{pmatrix}.$$

因为$\#T=3<4$,故算法继续,转入 STEP3.

(18)执行 STEP3,选 $t=xy$,将 xy 从单项序列 $\boldsymbol{\Phi}$ 中删除,

$$\boldsymbol{\Phi}=[x^2,y^3,y^2x\cdots,x^6y^6].$$

(19)执行 STEP4,记

$$\begin{aligned}\boldsymbol{v}&=\boldsymbol{F}_{Z(\boldsymbol{\delta})}(xy)=(L_1(xy),L_2(xy),L_3(xy),L_4(xy))^{\mathrm{T}}\\&=(\delta_1\delta_2+\delta_2-\delta_1-1,\delta_1\delta_2+\delta_1+2\delta_2+2,\delta_3\delta_4+3\delta_4+3\delta_3+9,\delta_5\delta_6+3\delta_5+3.51\delta_6+10.53)^{\mathrm{T}}.\end{aligned}$$

$\boldsymbol{v}$ 的零阶齐次部分和一阶齐次部分分别为

$$\boldsymbol{v}_0=(-1,2,9,10.53)^{\mathrm{T}},\boldsymbol{v}_1=(-\delta_1+\delta_2,\delta_1+2\delta_2,3\delta_3+3\delta_4,3\delta_5+3.51\delta_6)^{\mathrm{T}}.$$

计算 $\boldsymbol{\alpha}_0,\boldsymbol{\alpha}_1,\boldsymbol{\rho}_0,\boldsymbol{\rho}_1$,有

$$\boldsymbol{\alpha}_0=(\boldsymbol{M}_0^{\mathrm{T}}\boldsymbol{M}_0)^{-1}\boldsymbol{M}_0^{\mathrm{T}}\boldsymbol{v}_0=\begin{pmatrix}0.9484\\ 1.9937\\ 0.1324\end{pmatrix},$$

$$\boldsymbol{\alpha}_1=(\boldsymbol{M}_0^{\mathrm{T}}\boldsymbol{M}_0)^{-1}(\boldsymbol{M}_0^{\mathrm{T}}\boldsymbol{v}_1+\boldsymbol{M}_1^{\mathrm{T}}\boldsymbol{v}_0-\boldsymbol{M}_0^{\mathrm{T}}\boldsymbol{M}_1\boldsymbol{\alpha}_0-\boldsymbol{M}_1^{\mathrm{T}}\boldsymbol{M}_0\boldsymbol{\alpha}_0)$$

$$=\begin{pmatrix}-0.4667 & -1.1576 & -0.0667 & 1.3145 & 0.4 & -0.0275\\ 1.0952 & 3.1439 & 1.8095 & -5.8246 & 1.4286 & 0.315\\ -0.2762 & -0.8744 & -0.4476 & 1.7013 & 0.5429 & -0.078\end{pmatrix}\begin{pmatrix}\delta_1\\ \delta_2\\ \delta_3\\ \delta_4\\ \delta_5\\ \delta_6\end{pmatrix}.$$

$$\boldsymbol{\rho}_0=\boldsymbol{v}_0-\boldsymbol{M}_0\boldsymbol{\alpha}_0=\begin{pmatrix}0.4424\\-1.0745\\1.0113\\-0.3792\end{pmatrix},$$

$$\boldsymbol{\rho}_1=\boldsymbol{v}_1-\boldsymbol{M}_0\boldsymbol{\alpha}_1-\boldsymbol{M}_1\boldsymbol{\alpha}_0=\begin{pmatrix}0.2667\delta_1+0.9496\delta_2+0.5333\delta_3-2.0353\delta_4-0.2\delta_5+0.1086\delta_6\\0.6476\delta_1-1.3704\delta_2-1.2952\delta_3+2.8089\delta_4+0.4857\delta_5-0.2095\delta_6\\-0.6095\delta_1-1.2792\delta_2+1.29\delta_3+2.7613\delta_4-0.4571\delta_5-0.2936\delta_6\\0.2286\delta_1+1.6974\delta_2-0.4571\delta_3-3.5348\delta_4+0.1714\delta_5+0.3944\delta_6\end{pmatrix}.$$

（20）执行 STEP5，将 $\boldsymbol{\rho}_1$ 写成

$$\boldsymbol{\rho}_1=\begin{pmatrix}-0.2667&0.9496&0.5333&-2.0353&-0.2&0.1086\\0.6476&-1.3704&-1.2952&2.8089&0.4857&-0.2095\\-0.6095&-1.2792&1.29&2.7613&-0.4571&-0.2936\\0.2286&1.6974&-0.4571&-3.5348&0.1714&0.3944\end{pmatrix}\begin{pmatrix}\delta_1\\\delta_2\\\delta_3\\\delta_4\\\delta_5\\\delta_6\end{pmatrix},$$

记

$$\boldsymbol{C}_t=\begin{pmatrix}-0.2667&0.9496&0.5333&-2.0353&-0.2&0.1086\\0.6476&-1.3704&-1.2952&2.8089&0.4857&-0.2095\\-0.6095&-1.2792&1.29&2.7613&-0.4571&-0.2936\\0.2286&1.6974&-0.4571&-3.5348&0.1714&0.3944\end{pmatrix}.$$

计算 $\boldsymbol{C}_t$ 的最小奇异值，$\widehat{\sigma_4}=0.001<0.0283=\|\varepsilon\|$；

计算 $\boldsymbol{C}_t$ 的前三行构成的矩阵的最小奇异值，$\widehat{\sigma_3}=0.0546>0.0283=\|\varepsilon\|$，故取 $k=3$，

$$\widehat{\boldsymbol{C}}_t=\begin{pmatrix}-0.2667 & 0.9496 & 0.5333 & -2.0353 & -0.2 & 0.1086\\ 0.6476 & -1.3704 & -1.2952 & 2.8089 & 0.4857 & -0.2095\\ -0.6095 & -1.2792 & 1.29 & 2.7613 & -0.4571 & -0.2936\end{pmatrix},$$

$$\widehat{\boldsymbol{\rho}}_0=\begin{pmatrix}0.4424\\ -1.0745\\ 1.0113\end{pmatrix}.$$

(21)执行 STEP6,解线性方程组 $\widehat{\boldsymbol{C}}_t\hat{\boldsymbol{\delta}}=-\widehat{\boldsymbol{\rho}}_0$ 可得

$$\hat{\boldsymbol{\delta}}=-\widehat{\boldsymbol{C}}_t^{+}\widehat{\boldsymbol{\rho}}_0=\begin{pmatrix}0.298\\ -0.019\\ -0.596\\ -0.0081\\ 0.2235\\ 0.01\end{pmatrix}.$$

(22)执行 STEP7, $\|\hat{\boldsymbol{\delta}}\|=0.7032>0.0495=(1+\boldsymbol{\lambda})\sqrt{m}\;\|\boldsymbol{\varepsilon}\|$,故将单项 xy 放入 T 中,即 $T=\{1,y,y^2,xy\}$,因为 $\#T=4$,故算法终止,输出单项基 $T=\{1,y,y^2,xy\}$.

若给定型值 $c=\{c_1,c_2,c_3,c_4\}=\{2,1,3,5\}$,设满足插值条件的多项式为 $f=a_1xy+a_2y^2+a_3y+a_4$,求解方程组

$$L_i(f)=c_i,1\leqslant i\leqslant 4, \tag{4.3}$$

可得

$$f=1.5369xy-1.0492y^2-0.707y-0.3176.$$

当结点集摄动为 $\widetilde{Z}=\{(1,1),(3,2),(5,3)\}$ 时,可以验证单项基 $T=\{1,y,y^2,xy\}$ 依然是适定的,此时满足插值条件的多项式为

$$g=1.5xy-y^2-0.75y-0.25.$$

4.5　稳定单项基在曲面重建中的应用

例 4.5.1　令 $<_{\text{grlex}}$ 为 $x>_{\text{lex}}y$ 的分次字典序. 给定目标曲面 $P=y^3+x$. 结点 $Z=\{z_1,z_2,z_3\}=\{(0,1),(1,0),(2,-1)\}$. 单项序列 $S=[1,y,x]$,关联矩阵 $\boldsymbol{E}=\begin{pmatrix}\boldsymbol{E}_1\\\boldsymbol{E}_2\\\boldsymbol{E}_3\end{pmatrix}$,其中 $\boldsymbol{E}_1=\begin{pmatrix}1&0&2\\0&1&1\end{pmatrix}$, $\boldsymbol{E}_2=\begin{pmatrix}0&2&1\\1&0&1\end{pmatrix}$, $\boldsymbol{E}_3=\begin{pmatrix}0&1&2\\1&1&1\end{pmatrix}$.

对应的型值为 $\{c_1,c_2,\cdots,c_6\}=\{3,4,1,2,5,5\}$. 希望通过对上述数据插值得到目标曲面 $P=y^3+x$. 用极小单项基算法和稳定的单项基算法,计算出同样的插值单项基

$$T=\{1,y,x,y^2,xy,y^3\}.$$

设插值多项式 $\widetilde{P}=a_1y^3+a_2xy+a_3y^2+a_4x+a_5y+a_6$,解线性方程组可得

$$P=y^3+x.$$

当结点集发生微小摄动,$\widetilde{Z}=\{(0.01,1),(1,0),(2,-1)\}$,极小单项基算法算出的单项基为

$$\{1,y,x,y^2,xy,x^2\},$$

相应的插值多项式为

$$f=1.0176x^2+4.657xy+1.4148y^2+3.2421x-6.7957y-7.5372,$$

与目标曲面 $P=y^3+x$ 相差较大. 用 e 表示 f 相对于目标曲面 P 的误差曲面,即

$$e=f-P=-y^3+1.0176x^2+4.657xy+1.4148y^2+2.2421x-6.7957y-7.5372.$$

见图 4.5.1.

用稳定的单项基算法计算,得到单项基 $\{1,y,x,y^2,xy,y^3\}$,相应的插值多项式

$$g=0.9923y^3+0.0051xy+0.0051y^2+1.0257x-0.018y-0.0514,$$

近似等于目标曲面 $P=y^3+x$. 同样地,用 l 表示曲面 g 相对于目标曲面 P 的误差曲面,即

$$l=g-P=-0.0077y^3+0.0051xy+0.0051y^2+0.0257x-0.018y-0.0514.$$

见图 4.5.2.

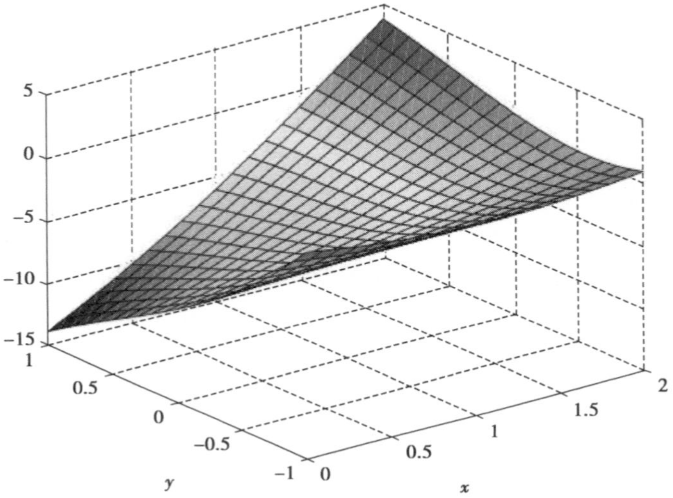

图 4.5.1 误差曲面 e

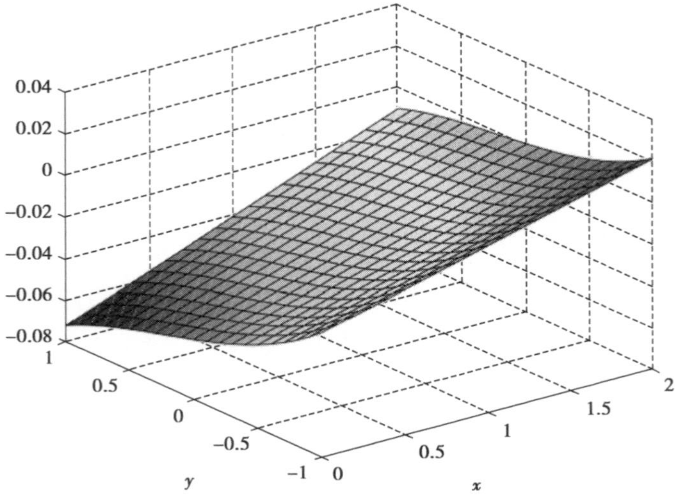

图 4.5.2 误差曲面 l

在曲面重建过程中,若结点的采取是精确的,即点确实是曲面上的点,则极小单项基和稳定单项基算法求得的单项基是一样的,从而都能够精确地恢复目标曲面;但测量的结点若有一点点微小的摄动,极小单项基和稳定单项基不再相同,从而导致插值多项式有很大的差异,从上述例子可以看出,利用稳定单项基插值得到的曲面方程与目标曲面的误差要小得多.

参考文献

[1] DAVIS P J. Interepolation and approximation[M]. Dover Publications, 1975.

[2] de Boor C. Gauss Elimination by Segments and Multivariate Polynomial Interpolation[M]// Approximation and Computation: A Festschrift in Honor of Walter Gautschi. Boston, MA: Birkhäuser, 1994: 1-22.

[3] GASCA M, Sauer T. On the history of multivariate polynomial interpolation [J]. Journal of Computational and Applied Mathematics, 2000, 122(1/2): 23-35.

[4] POWELL M J D. Approximation theory and methods [M]. Cambridge [Eng.]: Cambridge University Press, 1981.

[5] SAUER T. Computational aspects of multivariate polynomial interpolation[J]. Advances in Computational Mathematics, 1995, 3(3): 219-237.

[6] Xu Y. Polynomial interpolation in several variables, cubature formulae, and ideals[J]. Adv. Comput. Math., 2000, 12(4): 363--376.

[7] COSTABILE F A, Longo E. A Birkhoff interpolation problem and application [J]. Calcolo, 2010, 47(1): 49-63.

[8] DEHGHAN M, Aryanmehr S, Eslahchi M R. A technique for the numerical solution of initial-value problems based on a class of Birkhoff-type interpolation method[J]. Journal of Computational and Applied Mathematics, 2013, 244: 125-139.

[9] COSTABILE F A, Napoli A. A class of Birkhoff – Lagrange-collocation

methods for high order boundary value problems [J]. Applied Numerical Mathematics, 2017, 116: 129-140.

[10] MARKOUTIS V E, Meletiou G C, Veneti A N, et al. Threshold Secret Sharing Through Multivariate Birkhoff Interpolation [M]//Daras N, Rassias M. Computation, Cryptography, and Network Security. Cham: Springer, 2015: 331-350.

[11] Dell'Accio F, Di Tommaso F. Complete Hermite - Birkhoff interpolation on scattered data by combined Shepard operators [J]. Journal of Computational and Applied Mathematics, 2016, 300: 192-206.

[12] Allasia G, Cavoretto R, De Rossi A. Hermite - Birkhoff interpolation on scattered data on the sphere and other manifolds [J]. Applied Mathematics and Computation, 2018, 318: 35-50

[13] Birkhoff G D. General mean value and remainder theorems with applications to mechanical differentiation and quadrature [J]. Transactions of the American Mathematical Society, 1906, 7(1): 107-136.

[14] Balάzs J, Turάn P. Notes on interpolation. II. Explicit formulate [J]. Acta Math. Acad. Sci. Hun

[15] Balάzs J, Turάn P. Notes on interpolation. III (convergence) [J]. Acta Mathematica Academiae Scientiarum Hungarica, 1958, 9(1): 195-214.

[16] Balάzs J, Turάn P. Notes on interpolation. IV (inequalities) [J]. Acta Mathematica Academiae Scientiarum Hungarica, 1958, 9(3): 243-258.

[17] Egervάry E, Turάn P. Notes on interpolation. V (on the stability of interpolation) [J]. Acta Mathematica Academiae Scientiarum Hungarica, 1958, 9(3): 259-267.

[18] Egervάry E, Turάn P. Notes on interpolation. VI [J]. Acta Mathematica Academiae Scientiarum Hungaricae, 1959, 10(1/2): 55-62.

[19] Rahman Q I, Schmeisser G, Turán P. On a phenomenon concerning (0, 2)-interpolation[J]. Periodica Mathematica Hungarica, 1978, 9(1): 163-171.

[20] Surányi J, Turán P. Notes on interpolation. I. (on some interpolatorical properties of the ultraspherical polynomials) [J]. Acta Mathematica Academiae Scientiarum Hungarica, 1955, 6(1):67-80.

[21] Schoenberg I J. On Hermite-Birkhoff interpolation [J]. Journal of Mathematical Analysis and Applications, 1966, 16(3): 538-543.

[22] Karlin S, Karon J M. On Hermite-Birkhoff interpolation [J]. Journal of Approximation Theory, 1972, 6(1): 90-115.

[23] Lorentz G G, Jetter K, Riemenschneider S D. Birkhoff interpolation [M]. Reading, Mass.: Addison-Wesley Pub. Co., 1983.

[24] Palacios-quinonero F, Rubió-díaz P, Díaz-barrero J L, Rossell J M. Order regularity for Birkhoff interpolation with lacunary polynomials [J]. Math. AEterna, 2011, 1(3-4): 129-135.

[25] Passow E. Hermite-Birkhoff interpolation: A class of nonpoised matrices[J]. Journal of Mathematical Analysis and Applications, 1978, 62(1): 140-147.

[26] Rubió J, Díaz-Barrero J L, Rubió P. On the solvability of the Birkhoff interpolation problem[J]. Journal of Approximation Theory, 2003, 124(1): 109-114.

[27] Sharma A. Some poised and nonpoised problems of interpolation[J]. SIAM Review, 1972, 14(1): 129 - 151.

[28] Sharma A. Some poised poblems of interpolation [J]. Proceedings of the Conference on the Constructive Theory of Functions, 1972, 435-441.

[29] Ferguson D. The question of uniqueness for G. D. Birkhoff interpolation problems[J]. Journal of Approximation Theory, 1969, 2(1): 1-28.

[30] Nemeth A B. Transformations of the Chebyshev systems[J]. Mathematica,

1966, 8(31): 315-333.

[31] Atkinson K, Sharma A. A partial characterization of poised Hermite - Birkhoff interpolation problems[J]. SIAM Journal on Numerical Analysis, 1969, 6(2): 230-235.

[32] Karlin S, Karon J M. Poised and non-poised Hermite-Birkhoff interpolation [J]. Indiana Univ. Math. J., 1971, 21: 1131-1170.

[33] Lorentz G G. Birkhoff interpolation and the problem of free matrices[J]. Journal of Approximation Theory, 1972, 6(3): 283-290.

[34] Palacios F, Rubio P. Generalized Pólya condition for Birkhoff interpolation with lacunary polynomials[J]. Appl. Math. E-Notes, 2003, 3:124-129.

[35] Palacios-Quiñonero F, Rubió-Díaz P, Díaz-Barrero J L. Order regularity of two-node Birkhoff interpolation with lacunary polynomials [J]. Applied Mathematics Letters, 2009, 22(3): 386-389.

[36] Dimitrov D K. On a problem of Turán: (0, 2) quadrature formula with a high algebraic degree of precision[J]. Aequationes Mathematicae, 1991, 41(1): 168-171.

[37] Finden W F. An error term and uniqueness for Hermite - Birkhoff interpolation involving only function values and/or first derivative values[J]. Journal of Computational and Applied Mathematics, 2008, 212(1): 1-15.

[38] Lénaárd M. Birkhoff quadrature formulae based on the zeros of Jacobi polynomials[J]. Mathematical and Computer Modelling, 2003, 38(7/8/9): 917-927.

[39] Varma A K. On Birkhoff quadrature formulas. II[J]. Acta Mathematica Hungarica, 1993, 62(1): 15-19.

[40] Yang Y Q. The remainder representation of Hermite-Birkhoff interpolation [J]. J. Math. Res. Exposition, 1985, 5(2): 97-100.

[41] Turán P. On some open problems of approximation theory[J]. Journal of Approximation Theory, 1980, 29(1): 23-85.

[42] Varma A K. On some open problems of P. Turán concerning Birkhoff interpolation[J]. Transactions of the American Mathematical Society, 1982, 274(2): 797-808.

[43] Shi Y G. Complete answers to Problems 37-39 of Turán[J]. Sci. China Ser. A, 1993, 36(9): 1036-1046.

[44] Shi Y G. Negative answers to Problems 35, 40 and 41 of Turán[J]. Sci. China Ser. A, 1993, 36(11): 1281-1295.

[45] Shi Y G. An answer to Problem 33 of P. Turán about Birkhoff interpolation [J]. Chinese J. Contemp. Math., 1995, 16(2): 193-201.

[46] Shi Y G. A solution of Problem 26 of P. Turán[J]. Sci. China Ser. A, 1995, 38(11): 1313-1319.

[47] Shi Y G. A negative answer to Problem 10 of P. Turán[J]. Sci. China Ser. A, 1996, 39(10): 1054-1057.

[48] Shi Y G. An extremal approach to Birkhoff quadrature formulas[J]. J. Comput. Math., 2001, 19(5): 459-466.

[49] Shi Y G. Theory of Birkhoff interpolation [M]. New York: Nova Science, 2003.

[50] Bokhari M A, Dikshit H P, Sharma A. Birkhoff interpolation on some perturbed roots of unity: Revisited[J]. Numerical Algorithms, 2000, 25(1): 47-62.

[51] De Bruin M G, Dikshit H P. Birkhoff interpolation on nonuniformly distributed points[J]. J. Indian Math. Soc. (N. S.), 2002, 69(1-4): 81-101.

[52] De Bruin M G, Dikshit H P, Sharma A. Birkhoff interpolation on unity and

on Möbius transform of the roots of unity[J]. Numerical Algorithms, 2000, 23(1): 115-125.

[53] De Bruin M G, Sharma A. Birkhoff interpolation on perturbed roots of unity on the unit circle[J]. J. Nat. Acad. Math. India, 1997, 11: 83-97.

[54] De Bruin M G, Sharma A. Birkhoff interpolation on non-uniformly distributed roots of unity[J]. Numerical Algorithms, 2000, 25(1): 123-138.

[55] De Bruin M G, Sharma A. Birkhoff interpolation on nonuniformly distributed roots of unity II[J]. Journal of Computational and Applied Mathematics, 2001, 133(1/2): 295-303.

[56] Dikshit H P. Birkhoff interpolation on some perturbed roots of unity[J]. Nonlinear Anal. Forum, 2001, 6(1): 97-102.

[57] Ogryzko S V. A special class of Hermite-Birkhoff interpolation formulas[J]. Vestn. Beloruss. Gos. Univ. Ser. 1 Fiz. Mat. Inform, 2006, 1:79-83.

[58] Pathak A K. A Birkhoff interpolation problem on the unit circle in the complex plane[J]. J. Indian Math. Soc. (N. S.), 2006, 73(3-4): 227-233.

[59] Hack F J. On bivariate Birkhoff interpolation[J]. Journal of Approximation Theory, 1987, 49(1): 18-30.

[60] Gasca M, Martínez J J. On the solvability of bivariate Hermite-Birkhoff interpolation problems [J]. Journal of Computational and Applied Mathematics, 1990, 32(1/2): 77-82.

[61] Lorentz R A. Multivariate Birkhoff interpolation[M]. Berlin: New York: Springer-Verlag, 1992.

[62] Lorentz G G, Lorentz R A. Multivariate interpolation [M]//Rational Approximation and Interpolation. Berlin, Heidelberg: Springer Berlin Heidelberg, 1984: 136-144.

[63] Lorentz G G. Solvability of multivariate interpolation[J]. J. Reine Angew.

Math. ,1989, 398: 101-104.

[64] Jia R Q, Sharma A. Solvability of some multivariate interpolation problems [J]. J. Reine Angew. Math. ,1991, 421: 73-81.

[65] Crainic M, Crainic N. Birkhoff interpolation with rectangular sets of nodes and with few derivatives[J]. East J. Approx. , 2008, 14(4): 423-437.

[66] Crainic N. Generalized Birkhoff interpolation schemes: conditions for almost regularity[J]. In Proceedings of the International Conference on Theory and Applications of Mathematics and Informatics(ICTAMI 2003). Part A, 2003, 6: 101-110.

[67] Crainic N. Necessary and sufficient conditions for almost regularity of uniform Birkhoff interpolation schemes[J]. Acta Univ. Apulensis Math. Inform. , 2003, 5: 61-66.

[68] Crainic N. Multivariate Birkhoff-Lagrange interpolation schemes and Cartesian sets of nodes[J]. Acta Math. Univ. Comenian. (N. S.), 2004, 73(2): 217-221.

[69] Crainic N. On a theorem which limits the number of mixed interpolated derivatives for some plane regular uniform rectangular Birkhoff interpolation schemes[J]. Acta. Univ. Apulensis Math. Inform. , 2004, 8: 105-108.

[70] Crainic N. UR Birkhoff interpolation with rectangular sets of derivatives[J]. Comment. Math. Univ. Carolin. , 2004, 45(4): 583-590.

[71] Crainic N. UR Birkhoff interpolation schemes: reduction criterias[J]. J. Numer. Math. , 2005, 13(3): 197-203.

[72] Möller H M, Buchberger B. The construction of multivariate polynomials with preassigned zeros [M]//Lecture Notes in Computer Science. Berlin, Heidelberg: Springer Berlin Heidelberg, 1982: 24-31.

[73] De boor C. Ideal interpolation[J]. Approximation theory XI: Gatlinburg

2004, Mod. Methods Math. Nashboro Press, Brentwood, TN, 2005, 59-91.

[74] Marinari M G, Möller H M, Mora T. Gröbner bases of ideals defined by functionals with an application to ideals of projective points[J]. Applicable Algebra in Engineering, Communication and Computing, 1993, 4(2): 103-145.

[75] Ene V, Herzog J. Groöbner bases in commutative algebra[M]. Providence, R. I.: American Mathematical Society, 2012.

[76] Francis M, Dukkipati A. Reduced Gröbner bases and Macaulay - Buchberger Basis Theorem over Noetherian rings[J]. Journal of Symbolic Computation, 2014, 65: 1-14.

[77] Kapur D, Sun Y, Wang D K. An efficient method for computing comprehensive Gröbner bases[J]. Journal of Symbolic Computation, 2013, 52: 124-142.

[78] Noro M. Computation of Gröbner Bases[M]//Hibi T. Gröbner Bases. Tokyo: Springer, 2013: 107-163.

[79] Apel J, Stueckrad J, Tworzewski P, Winiarski T. Team bases for multivariate interpolation of Hermite type[J]. Univ. Iagel. Acta Math., 1999, 37: 37-49.

[80] Felszeghy B, Ráth B, Rónyai L. The lex game and some applications[J]. Journal of Symbolic Computation, 2006, 41(6): 663-681.

[81] Sauer T. Polynomial interpolation of minimal degree and gröbner bases[M]// Gröbner Bases and Applications. Cambridge: Cambridge University Press, 1998: 483-494.

[82] Sauer T. Gröbner bases, H - bases and interpolation[J]. Transactions of the American Mathematical Society, 2001, 353(6): 2293-2308.

[83] Chai J J, Lei N, Li Y, et al. The proper interpolation space for multivariate

Birkhoff interpolation[J]. Journal of Computational and Applied Mathematics, 2011, 235(10): 3207-3214.

[84] Wang X Y, Zhang S G, Dong T. Newton basis for multivariate Birkhoff interpolation[J]. Journal of Computational and Applied Mathematics, 2009, 228(1): 466-479.

[85] Lei N, Chai J J, Xia P, et al. A fast algorithm for the multivariate Birkhoff interpolation problem[J]. Journal of Computational and Applied Mathematics, 2011, 236(6): 1656-1666.

[86] Cerlienco L, Mureddu M. From algebraic sets to monomial linear bases by means of combinatorial algorithms[J]. Discrete Mathematics, 1995, 139(1/2/3): 73-87.

[87] Cox D, Little J, O'Shea D. Ideals, Varieties, and Algorithms[M]. New York, NY: Springer New York, 1997.

[88] Cox D A, Little J B, O'Shea D. Using algebraic geometry[M]. 2nd ed. New York: Springer, 2005.

[89] Kreuzer M, Robbiano L. Computational Commutative Algebra 1[M]. Berlin, Heidelberg: Springer Berlin Heidelberg, 2000.

[90] Kreuzer M, Robbiano L. Computational commutative algebra[M]. Berlin: Springer, 2000-2005.

[91] Heldt D, Kreuzer M, Pokutta S, et al. Approximate computation of zero-dimensional polynomial ideals[J]. Journal of Symbolic Computation, 2009, 44(11): 1566-1591.

[92] Liu L L, Li Z, Zhang S G. Stable border bases for ideals of numerical Cartesian sets[J]. Commun. Math. Res., 2011, 27(3): 243-252.

[93] Sauer T. Approximate varieties, approximate ideals and dimension reduction [J]. Numerical Algorithms, 2007, 45(1): 295-313.

[94] Abbott J, Fassino C, Torrente M L. Stable border bases for ideals of points [J]. Journal of Symbolic Computation, 2008, 43(12): 883-894.

[95] Fassino C. Almost vanishing polynomials for sets of limited precision points [J]. Journal of Symbolic Computation, 2010, 45(1): 19-37.

[96] Stetter H J. Numerical polynomial algebra[M]. Philadelphia, Pa.: Society for Industrial and Applied Mathematics (SIAM, 3600 Market Street, Floor 6, Philadelphia, PA 19104), 2004.